简 丽 贤 著

很酷很酷

的

物理秀

海峡出版发行集团 | 福建科学技术出版社

版权登记号：13-2018-097

原作品名称：《生活物理SHOW！2.0：木星上的炸薯条最好吃？》
作者：简丽贤　绘者：黄予辰
本著作稿由四川一览文化广告传播有限公司代理，经幼狮文化事
业股份有限公司授权，由福建科学技术出版社出版、发行中文简
体字版本。非经书面同意，不得以任何形式任意改编、转载。

图书在版编目（CIP）数据

很酷很酷的物理秀 / 简丽贤著 . —福州：福建科学
技术出版社，2021.5（2021.7 重印）
　　ISBN 978-7-5335-6385-1

　　Ⅰ . ①很… Ⅱ . ①简… Ⅲ . ①物理学 – 青少年读物
Ⅳ . ① O4-49

中国版本图书馆 CIP 数据核字（2021）第 039504 号

书　　名	很酷很酷的物理秀
著　　者	简丽贤
出版发行	福建科学技术出版社
社　　址	福州市东水路 76 号（邮编 350001）
网　　址	www.fjstp.com
经　　销	福建新华发行（集团）有限责任公司
印　　刷	福建新华联合印务集团有限公司
开　　本	889 毫米 ×1194 毫米　1/32
印　　张	6.5
字　　数	96 千字
版　　次	2021 年 5 月第 1 版
印　　次	2021 年 7 月第 2 次印刷
书　　号	ISBN 978-7-5335-6385-1
定　　价	25.00 元

书中如有印装质量问题，可直接向本社调换

耕一亩科普的梦田

我是农家子弟,读高中之前仍与母亲巡田种植和采收,不仅体悟到耕耘的辛苦,也品尝了收获的甘美。母亲常跟我说:"拿锄头太艰苦啦!你还是拿笔好啦!做老师就像在耕田,认真就有希望,妈妈希望你做老师栽培学生。"母亲的殷殷期盼,言犹在耳。

踏入杏坛后,除了拿粉笔在黑板笔耕和讲授物理课程外，我心中一直有个梦，希望能以在学生时代参加社团"青年写作协会"的思考和体验，将深奥的物理理论和数学关系式，转化成学生和大众听得懂的语言，传递科学。

曾在网上读过一篇令我印象深刻的文章，内容大意是，德国一名六岁儿童写信询问该国航空太空中心："为什么冥王星不能继续当行星？"这位小朋友说他很喜欢行星，但想不通为什么冥王星现在不是行星了？他曾问妈妈，妈妈说因为冥王星太小了。天真的他不解地说："我也很小，但我还是一个人啊！为什么冥王星就不行呢？"小朋友感叹地说："我想冥王星一定很难过！"

这个德国小朋友的童言童语让许多人不禁会心一笑，然而引起共鸣而为之喝彩的却是德国航空太空中心科学家的回复。科学家不是用深奥的物理语言和数学关系式解答，也不是以严谨制式的公文回复，而是用太空飞船最新拍摄传回的冥王星照片，以浅显易懂的语言，说故事的方式，解释冥王星的公转轨道和体积，以及为什么将冥王星从太阳系行星中除名，并安慰他："我们觉得冥王星不会太难过。"最后鼓励小朋友："继续保持好奇！"

读完这篇文章后，我对于科学家面对小朋友的好奇没有当成例行公事敷衍了事，而是真诚而温馨解惑的精神相当敬佩；尤其令我感动的是科学家以"继续保持好奇"来肯定与鼓励小朋友勇于发问和追求知识，这更值得身为人师的我学习。

自古以来，人类的生活离不开科学，生活中处处有科学。距今近一千年的北宋沈括撰写的《梦溪笔谈》，可以说是很早的一本科普书，内容相当多元，涉及天文、物理、化学、地质、医学、气象等领域，例如磁铁、磁极和指南针的原理，描述凹面镜聚光起火和声音共振的现象，探讨冬至日短、夏至日长的原因等。

对自然现象好奇而能探索科学是一件愉悦的事，唐代诗人杜甫在《曲江二首》中提到："细推物理须行乐，何用浮名绊此身。"这两句诗可解释为："仔细推敲与探究世间万物变化的道理，是一件追寻快乐的事，不需要用世间浮华的名利牵绊自己的一生。"说明追求科学过程中"仔细推敲与探究"的快乐。这种快乐，诺贝尔奖得主应该最能体会，可以说是"沦肌浃髓"吧！

　　2015年诺贝尔生理学或医学奖得主屠呦呦被称为"青蒿素之母"，她念书期间并没有追求一般人认为的热门学科，而是根据自己的兴趣选择较容易被人忽视的中草药学领域。由于兴趣支持行动，大学毕业后她就致力于寻觅"对抗疟疾"的草药，从阅读中找寻研究方法，古籍《肘后备急方》中的一段话"青蒿一握，以水二升渍，绞取汁，尽服之"，启发她萃取青蒿叶中的青蒿素。然而，在萃取的过程中备受煎熬，始终找不到萃取的窍门，耗费许多精力和时间。就在快放弃时，她重新思索古籍中的旨意，顿悟其中含意并没有记载要"高温加热"这个步骤，于是更改为"低温萃取"，最后成功取得对抗疟疾的青蒿素。

屠呦呦面对困境仍能锲而不舍，凭借好奇心、洞察力和理性客观的科学态度，终于掌握萃取青蒿素的关键就是"温度"，用正确的科学方法，避免高温破坏而使用乙醚低温萃取，从青蒿叶中成功取得青蒿素。这样的不凡成果，全靠她的兴趣、好奇和热情。

2014 年的诺贝尔物理学奖得主日籍科学家天野浩、赤崎勇及中村修二投入半导体研究工作，在1993 年研发出"蓝色发光二极管（LED）"，这项高亮度蓝光 LED 的突破性研究，被喻为"20 世纪不可能任务"，可以说是"爱迪生之后的第二次照明革命"。科学界和媒体称他们为"蓝光教父"，表达尊崇之意。

成功的背后往往隐藏着不为人知的艰辛历程。中村修二他们从事科学研究的过程并不顺遂，曾受到嘲讽、屈辱和不公平的对待，在寻觅蓝光 LED 的材料过程中陷入困境；然而，他们并没有被击倒，反而从困顿中激发研究的热忱与创造力，以"衣带渐宽终不悔，为伊消得人憔悴"的坚持，开启了照明新时代。

"天下没有免费的午餐"，得奖的背后总有让人感动的奋斗历程，以及令人敬佩的科学态度。这些科学家的研究成果和动人的故事，都是撰写和推广科普教育的题材。

几年来，除了教学外，为了耕一亩科普的梦田，我开始写作，从生活和新闻事件中收集写作素材和灵感，4年前出版拙作《生活物理SHOW！》。接下来，参与台湾大学前瞻计划的"纳米科技与能源科技"课程，获得科普写作和教材编写的源头活水，也受邀到台北市、新北市的图书馆给学生与市民分享科学现象和原理，并带领他们"动手做实验"，激发他们学习科学的兴趣，从而获得学习科学的乐趣，传播科学教育的理念。

从教学、分享及阅读中，我坚持笔耕，从生活中取材，以浅显易懂的语言描述科学原理，融入一小部分科学家的思维，并佐以实验介绍，完成近30篇拙作，在出版社编辑的协助下，完成了这本书。书中内容分成"生活物理秀""休闲物理秀""火光物理秀""太空物理秀"等4个单元，皆与日常生活和大自然有关，很适合中小学生和大众阅读。文中的图均为示意图，不考虑其比例关系，不再一一加注，以避免阅读困扰。同样，为了通俗易懂，文中的一些名词表述等也不一定是严格意义上的物理学定义。

物理并非难以亲近。物理在生活中，生活中有物理。感谢出版社让我能耕一亩科普的梦田，传递我的科学理念。我期许自己保持教育的热情、科学的好奇、广泛的阅读，融入科学家的故事、科学的现象和原理，持续投入科学普及的写作。

每出版一本新书，总会想起母亲在田里耕作的身影。我将持续扮演好农夫和园丁的角色，耕耘一亩科普的梦田。

目 录

CONTENTS

生活物理秀

鱼缸换水就像冲马桶 /02

声声入耳，有何不同 /12

天灾双响炮——台风与地震 /20

冷暖气团拉锯战 /28

轮胎打滑怎么办 /35

休闲物理秀

吹泡泡和水上漂 /44

青春飞舞的滑冰 /53

过山车——最惊险刺激的圆周运动 /64

划龙舟如何才能拔头筹 /72

歌剧院里总是余音绕梁 /80

火光物理秀

电线的火花 /90

声音可灭火 /98

电动公交车如何来电 /107

烤肉竟让石头爆开 /116

"自燃"是"反射"惹的祸 /124

气体碰撞连环爆 /131

瘦身的玉米粒容易闪燃爆炸 /138

太空物理秀

木星上的炸薯条最好吃 /148

火箭升空就像鼓胀的气球放气 /158

地心引力让地球成为万人迷 /164

红色战神冲冲冲 /176

何处是宇宙的尽头 /186

生活物理秀

鱼缸换水就像冲马桶

厕所，是我们生活中重要且必要的场所，每天总要报到好几回；尤其是公共厕所，那可是"入门三步急，出门一身轻"之地，也是"治理脏乱差，要靠你我他"的地方。公共厕所的便利和清洁是一个国家文明的指标，经常是大家关注的焦点，稍有不慎，就可能成为报纸上的新闻。

马桶怎么会无法冲水呢

水，是生活中的一个重要因素。没有水，厕所里的洗手台和便池就不能正常运作。水没有固定的形状，可以装在任何形状的容器中，诚如老子所说："上善若水。水善利万物而不争，处众人之所恶，故几于道。"

现代城市里高楼大厦林立，当建筑物的高度太高时，水压可能不足，水压不足就可能导致马桶无法冲水，此时，只要加装增压泵，问题就迎刃而解。这是什么原理呢？

水没有固定的形状，可以装在任何形状的容器中。因此在几个互相连通的容器中，从一个容器管口注入水后，不论各容器的粗细、形状，当水静止后，各容器的水面必定在同一水平，水柱高度相同。也就是这几个互相连通的容器底部，同一水平面的各点所受的水压相同。这就是"连通器原理"。

当水静止时，无论容器是什么形状，连通的
各容器的液面在同一水平面上

自来水供应系统利用连通器原理，通常将储水池设在高处，利用水的压力将水送往各用户。当大楼高度太高时，为了增强水压，一般使用增压泵将水抽到屋顶的水塔，再接到各楼层。它是将电能转变为机械能，增加水的压力，也可以说是提升水的重力势能，再转化为动能。这样就可以帮厕所清洁了。

自来水厂的蓄水池和高楼的水塔盖在高处，就是为了利用水的压力将水送到各个用户家中

洗手台下方的排水管为什么是弯曲的

我们常见厕所洗手台下方的排水管都是弯曲的形状。直的排水管不是更容易排水、更能节省材料吗？为何要这样设计呢？主要目的是什么呢？

在洗手台下方装设排水管的目的是排出使用过的水，再将这些水排到地下水道。当我们洗手时，水会流经洗手台下方的弯管。当水逐渐充满到弯管的最高点，且超越这个位置时，水就会产生"虹吸现象"，溢出而流到下水道。水就这样陆陆续续"盈科后进"，流过弯管的最高点。最后从洗手台流入排水管内的水减少，造成水位较低，无法抵达弯管的最高点，此时"虹吸现象"停止，洗手台下的弯管就会保留一些水。这些未被排出而留在弯管内的水就扮演一个重要的"水墙"角色，隔绝洗手台与地下水道，地下水道的污水污物的臭味就不会经过排水管而传到屋内。如此一来，厕所或厨房等室内空间就能保持空气清新，我们就不会闻到地下水道的臭味。所以，弯管设计的目的是"隔绝污水的臭味"。

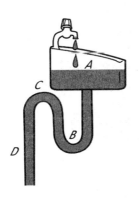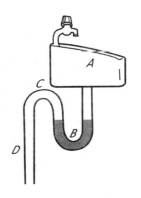

(a) 当洗手台里排入排水管的水满至 C 点时，就会流入 D，产生"虹吸现象"

(b) 当水量不足以继续维持虹吸作用时，剩下的水填满 B 处，产生"水封"，这就是存水弯，可隔绝来自下水道的臭味

发生"虹吸现象"的主要原因是同一条水管中存在压强差，从而使水产生运动。例如将充满水的水管的两端同时放入水族箱和排水槽内，由于水管中的水柱会产生压强差，从而导致产生虹吸作用，液面较高的水族箱这一端会将水推向水位较低的水槽中，看起来就像水自行流动。当管子两端的水位一样高时，水族箱和水槽的水没有压强差，水就停止流动，此时"虹吸现象"也就停止了（如下图）。

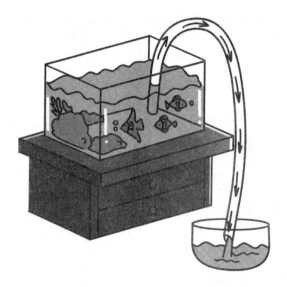

将长管子的一端放入水族箱，另一端放在排水槽。当水从排水槽那一端流出时，管内会出现类似真空的情况，后方的水便因为重力而流往真空处填补。只要出水口比入水口的水面低，水就会一直持续流动，直到两端水面等高为止

前面提到排水管的弯曲设计，最主要目的是隔绝污水的臭味，我们也可以在弯管底部设计一个可以方便旋开的封盖。当用过的水经洗手台下方的水管排出时，往往会夹带毛发等污物，经过弯管时，水流速度会稍微减缓，毛发等污物可能沉积在弯管底部，如果设计一个可旋开的封盖，就可取出沉积物。

科学实验游戏室

自制公道杯

有　年我到陕西旅游，买到一种名为"公道杯"的特殊酒杯，杯中盛酒超过大约八分满，酒就会从杯底泄漏。

公道杯中的酒倒得太多，就会漏光

相传公道杯是明朝时期地方官员为讨好皇帝所进贡的精巧工艺品，又称为"九龙公道杯"。当时皇帝朱元璋赏心腹大臣喝酒，结果斟满者的酒全部从底部漏光。因此，公道杯其实是"防贪心杯"。

公道杯的设计原理就是利用与大气压力有关的虹吸现象。我们也可以自制简易的公道杯，如下所示。

〔**实验步骤**〕

1. 准备一根吸管和透明塑料杯。先在透明塑料杯的底部挖个小洞，将吸管一端穿过杯底的小洞后，用黏土或黏着物把杯底的洞口缝隙填满，以免漏水。

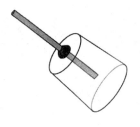

2. 接下来把杯子内的吸管折弯，折弯的这一端朝向杯底。

3.当我们往杯子里倒水，起初没什么异样，但当水位超过弯曲吸管的顶端时，水开始从与杯底连接的吸管另一端流出杯外，一直到杯内的水位降至杯内吸管的一端开口位置时，水才停止流出。

操作几次，情况都一样，就好像贪杯的人想要把公道杯倒满，却一直无法如愿，倒得越多，酒流出得越多。

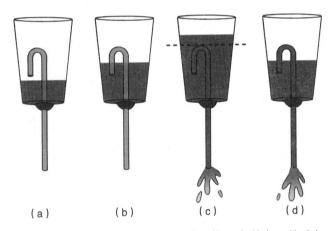

（a）　　　　　（b）　　　　　（c）　　　　　（d）

只要倒入杯中的水没有超过吸管顶端，就不会漏水，见(a)(b)；一旦超过(c)的吸管顶端，便开始漏水，(d)的水已漏掉大半

物理说不完……

虹吸式咖啡机

虹吸式咖啡机（壶）是一种利用水沸腾时产生压力来烹煮咖啡的器具。虹吸式咖啡机主要靠中间的导管连通上下壶，将装有热水的下壶加热，下壶的水蒸气体积会随温度的上升而增大，就能轻易将下壶的水往上推动，通过导管

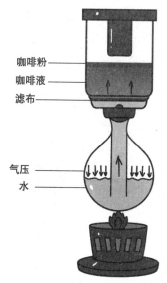

咖啡粉
咖啡液
滤布

气压
水

虹吸式咖啡机以水蒸气的压力为推动力，将下壶的水往上推至上壶

再推挤至装好咖啡粉的上壶，而水也会被源源不绝的水蒸气支撑住，停留在上壶。

下壶不再加热后，里面的空气逐渐冷却收缩，上壶已浸泡过热水的咖啡液，因失去下壶水蒸气的支撑而往下壶流去，咖啡渣则被滤布挡住留在上壶。接着，卸下上壶，便可品尝下壶的热咖啡。

喷泉

　　喷泉利用了连通器的
原理。例如在高处的蓄水池，
用一根管子把池子里的水引
到山下，因为高处水池的液
面较高，压强差会让低处的
水喷出，成为喷泉。

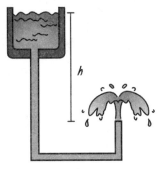

喷泉是利用高低处液
面的压强差而产生的

电热水瓶外侧显示水位的透明板

　　这种水位显示板也是运用连通器原理设计而成的。
当电热水瓶内与透明板底部的水相通时，各处水位高
度也相同，因此可从电热水瓶外侧显示水位的透明板
知道瓶内的水位高低，考虑是否需要再加水。

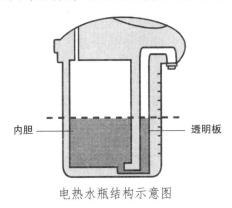

内胆 —————　　　　　　————— 透明板

电热水瓶结构示意图

生
活
物
理
秀

声声入耳，有何不同

现代城市快速发展，公共工程四处兴建，生活形态发生变化，我们随时都可能暴露在噪声（也称噪音）中。例如屋外令人抓狂的钻土工程声、睡到半夜呼啸而过的汽车喇叭声、楼下超市时不时的开门声、楼上邻居幼儿玩耍的吵闹声，或是隔壁邻居电视开得太大声，不一而足，这些声音都会对我们造成程度不一的干扰。

 ## 噪音与乐音

依据物理学的观点，当发音体作不规则的振动，其声谱中各频率呈连续或近乎连续的分布，且各频率间的数值没有什么关系，这种声波不具周期性，听起来不悦耳，称为"噪音"。相反的，当发音体作规则性振动时发出声波的各频率值呈简单整数比关系，这种声波随时间周期性变化，听起来悦耳，称为乐音。

老子说："五色令人目盲，五音令人耳聋……驰骋畋猎，令人心发狂。"过于丰富的色彩，令人眼花缭乱，失去色彩感；过多的刺激声源，使人听觉麻木，失去音乐感。哲理名言，实堪玩味。处于噪音环境中，应该如何自处，也许真的要靠个人的修炼与情绪管理，一如陶渊明"结庐在人境，而无车马喧。问君何能尔？心远地自偏"的诗句。如果能了解声音物理学，相信更能包容噪音、超越噪音，达到澄明宁静的境界。

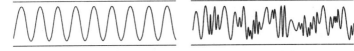

左为周期性声波的乐音，右为不规则声波的噪音

相对于噪音带给人困扰，乐音会带给人喜乐，"流鱼出听，六马仰秣"就是例证。白居易的《琵琶行》"大弦嘈嘈如急雨，小弦切切如私语。嘈嘈切切错杂弹，大珠小珠落玉盘"，描述了乐器发出声音时的贴切情境，令人赞叹。听到好听的乐音，诚如杜甫所赞叹的："此曲只应天上有，人间能得几回闻。"

不过，某些人耳中的乐音，在另一些人的耳中可能就是噪音，所以超过政府法律规定的音量，或科学证实对人体产生不良影响的声音，就是噪音。

 ## 为什么我们能听到声音呢

我们之所以可以听到声音，除了需要声源的振动，以及传递声波的介质外，还得靠人耳及大脑的听觉机制，才能听到声音。声波所传递的能量或压强变化传到耳内时，会引起耳膜振动而产生听觉。由于人耳结构的限制，若声波的振动频率太小或太大，都无法和耳膜共振而引起听觉。

人类能听到的声波频率范围在 20 赫兹（Hz）到 20000 赫兹之间，此范围称为"可闻声"范围，超过 20000 赫兹的声波称为超声波，低于 20 赫兹的声波称为次声波。如果没有传递声波的物质或声波压强变化太小，或是介质振动能量太低，也无法引起听觉，例如太空中几乎没有空气，就听不到声音；若声波压强变化太大，则会对人体听觉器官造成永久性的伤害。

声音强度与分贝值

前面提及声音须靠听觉器官的接收，才能听到声音，而人耳及大脑所构成的听觉系统相当复杂。从能量的观点而言，声波的传播是传递声波的物质（介质）分子平均振动能量的传播，声波在单位时间内作用在与其传递方向垂直的、单位面积上的能量，称为声强。声音强度越大，引起耳膜的振动越大，声音就越大声。

一般人耳能听到的最小声音强度约为 10^{-12} 瓦特每平方米，在声学上定为可听度极限，相当于 10^{-5} 帕的压强变化。当声音强度大于 1 瓦特每平方米时，声音显得太大声，耳朵会有刺痛的感觉。因此正常人耳能听到的声音强度范围，最大值是最小值的 10^{12} 倍，也就是 1 万亿倍。"分贝"（dB）是计量声音强度相对大小的单位，意思是"十分之一贝"。"贝"这个单位是为了纪念美国人贝尔发明电话和电报对人类通信的贡献。

我们人耳正常的听觉底限为零分贝，但并不是代表声波能量为零。声音强度越大，分贝数值越大，能量越大。例如，40 分贝声波所传播的能量大约是 20

分贝声波的 100 倍，声音达 100 分贝时会对我们的身心造成很大的伤害。

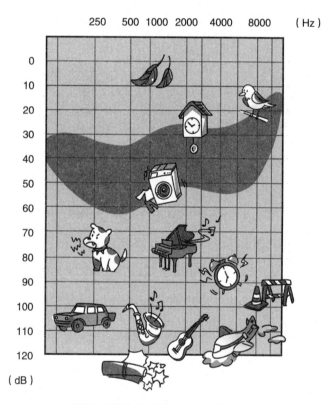

周围环境常听到的声音及其强度

科学实验游戏室

神奇洗脸盆

中国古代有一种洗脸器具，由青铜铸造，据说是皇帝洗脸时装水用的，因盆内有龙纹而被称为"龙洗"。龙洗两侧各有一只金属抛光的盆耳，当双手手心摩擦盆耳时，盆内的水就会如喷泉般喷上来。现在让我们来试试看。

〔实验步骤〕

1. 在龙洗中装八分满的水。

2. 把双手沾湿放于两盆耳上，快速摩擦盆耳大约20秒后，观察此时声音及盆中水的变化。

3. 如果顺利，双手摩擦龙洗两侧盆耳使盆产生振动，当其振动频率恰好与水的振动频率相同时，便可观察到盆中的水与龙洗因共振效应而产生摇晃，水面开始翻涌而溅起水花。

物理说不完……

天魔琴音的威力

古琴音色沉稳悦耳，却能成为厉害的武器，曾经风靡一时的电影《六指琴魔》中林青霞饰演的武功高手，以天魔琴为武器，振动琴弦的瞬间，悦耳的琴声威力惊人，令人印象深刻。周星驰电影《功夫》里头包租婆的"狮吼功"更是骇人，在一定的空间内对周围空气产生回荡共振，产生惊人的破坏力。

因为物体都有自己独特的频率，只要发出相同的频率，就能震碎物体。同样的，若是声音振动频率与人体相近，就会和人体产生共鸣，进而产生头晕、耳鸣等诸多不适症状，甚至造成大脑损伤。但要达到武侠片中，把乐器当作武器的境界，并非凡人可为，必是武功内力高强者才能展现。一个习武者必须精晓武功绝活，将"深厚内力"通过琴弦或声带的振动，转化为声波，通过空气传递能量，才可能达到六指琴魔的以柔克刚，以及包租婆"狮吼功"的万夫莫敌的效果。

天灾双响炮——台风与地震

我国自然资源丰富，然而自然灾害也频发。每年都有多个台风在我国登陆，给沿海省区造成严重影响。地震灾害也时有发生，其中台湾地区每年发生的地震保守估算也在 2000 次以上，包含无感地震和有感地震。所以，我们需要多了解它们的特性与发生的原因。

风生水起的怪物

在台湾，尽管台风来临时，往往造成灾害，但台风却是一年中最主要的降雨来源。

一般而言，海面上生成台风的条件或特征有三点：其一，发生地点的纬度不能太低，必须在南北纬 5 度以上，主要原因是地球由西向东自转形成的科里奥利效应要够大，即地球由西向东自转时，会对地表运动产生地转偏向力，使气流右转，所以让北半球的低气压系统逆时针转动（南半球则变成顺时针旋转），形成气旋环流。其二，必须在广阔温暖的海面上形成，海面的温度一般须高于约27℃,有利于吸收热量。其三，要加强热带低压系统，因此台风发展初期，其垂直方向的风速必须一致，不能破坏积云的发展。

以上生成条件，正好说明我国的台风季节为何发生在夏、秋两季。那么台风的结构包含哪些部分呢？

台风眼的"眼"，指的是台风的中心区域，这是因为台风逆时针方向旋转时，中心区域因旋转而产生离心效应，与旋进中心的风力抵消，形成无风现象。

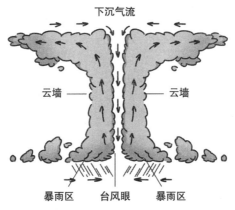

台风眼是下沉气流，天气通常云淡风轻；云墙下经常出现狂风暴雨，是天气最恶劣的区域

位于台风眼旁边的区域，就是云墙。云墙内的上升气流非常旺盛，台风的最大风速往往出现在台风眼

两侧最深厚的云墙内，这里具有最强的上升气流，也就是雨量最大的区域。当空气从高气压流向低气压，气压差产生气压梯度力，风就生成了。台风中心气压越低，最大风速就越快，台风的强度就越强。

台风路径往往受到大范围气流的控制或邻近低气压系统的影响而改变路径，例如转弯、停滞或原地打转。万一有两个台风同时生成，距离很近，则可能彼此牵引，就会发生日本学者藤原樱平在1921年发现的"藤原效应"，可能引来超大暴雨。

因此，气象局发布确切信息前，总会观察，观察，再观察。

撼天动地的一秒

过去人们认为地震是"地牛翻身"造成了地动山摇；现代科学家研究发现，断层活动和板块运动，才是发生地震的真正原因。我国位于世界两大地震带——环太平洋地震带与欧亚地震带之间，受太平洋板块、印度板块和菲律宾海板块的挤压，地震断裂带十分活跃。

有感地震大部分源于断层活动，地震震源都位于板块交界附近，而板块交界区域往往隐藏着许多断层。板块与板块间互相挤压碰撞，使得板块边界的岩层发生变形，当变形扭曲的力超过岩层所能承受的极限时，岩层便容易断裂、错动而造成断层，随即释放能量而引发地震。发生在台湾的地震，最知名的是1999年的"9·21"南投地震，因车笼埔断层造成，地震震级为里氏7.6级。

里氏震级由地震学家里克特和古登堡于1935年提出。震级的数字越大，代表地震释放的能量越多，震级每增加一级，通过地震释放的能量大约增加32倍。

地震烈度是用来描述地震发生后地面震动强弱或建筑物被破坏的程度，"9·21"南投地震震中烈度达到17度，出现建筑物倒塌、山崩地裂、铁轨弯曲、地下管道受到严重破坏等现象。

一次地震，震级数值只有一个，但地震烈度会因为地点不同而出现不同等级。

地震和台风不可避免，我们没办法阻止台风和地震发生，唯一能做的就是平时做好防台防震措施，加

强防台防震演练。面对自然灾害，我们对大自然要谦卑，谦卑，再谦卑；防灾工作需积极，积极，再积极。

科里奥利效应

科里奥利效应是因为地球自转而造成的偏向力引起的，风速越大，纬度越高，其作用越明显。

在北京天文馆等单位，可以体验科里奥利效应。当球在转动中的盘子里想要作直线运动时，往往不能如愿，而是像弧线一样发生偏转。同样的，如果我们在一张转动中的硬纸板上画直线，结果会画成弧线，这是因为硬纸板在转动，而不是静止的。这个实验可以模拟在地表运动的物体会因地球自转而受到影响，大致可以体验科里奥利效应。

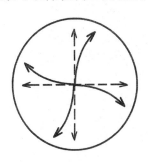

一般而言，物体自中心处向外运动时呈直线运动（如虚线）。但当圆盘逆时针旋转时，物体的运动会变成向外弯曲的弧线（实线），整体看起来就像顺时针方向向外旋出

物理说不完……

候风地动仪

现代科技常运用很多仪器侦测地震，那古代地震是如何侦测的呢？相信大家立即会想到东汉时期科学家张衡发明的"候风地动仪"。地动仪是中国古代科技的代表文物之一，当时甘肃、四川等地地震频发，张衡鉴于地震带给百姓的莫大威胁，就设计了地动仪。

从历史考证得知，地动仪"以精铜铸成，员径八尺，合盖隆起，形似酒尊，饰以篆文山龟鸟兽之形"。地动仪的主要结构是一根上粗下细的铜柱，像铅锤悬挂的摆，称为"都柱"。地动仪的表面对准"东、南、西、北、东南、西南、东北、西北"八个方

向，每个方向各装饰八条龙，每条龙嘴里各含铜丸一个，嘴下方又各有一只张着嘴可接住铜丸的蟾蜍。铜柱和八条龙的嘴巴间连接机械装置（运用物理的力矩原理），当某一个方向传来地震波，铜柱就倒向发生地震的方向（运用波源因扰动而释放能量，波动传递能量的原理），机械对准该方向打开龙嘴，铜丸就落到蟾蜍的嘴里（运用物理的惯性原理），发出声响。当监测人员听到清脆的声响，就能从铜丸落下的位置判断发生地震的大概方位。

以现代科技来看，地动仪运用物理学的力矩、波动、惯性原理，是遥测地震，并非预测地震，用来判断哪些地方可能已经发生地震。

冷暖气团拉锯战

　　每年11月开始,我国进入冬季,一直到翌年的2月,这期间几乎是一年中最寒冷的时期,此时来自北方的冷空气很有默契地大规模南移,造成气温明显下降,形成大气物理学所称的寒潮爆发,亦即媒体所说的寒潮来袭。印象里,每年寒潮来袭,几乎都在学生放寒假或者是农历春节期间。

　　冬季会影响我国气温的冷气团,大多源自北极地带、西伯利亚和蒙古国等地,当冷气团南下抵达我国时,往往会使这些被横扫过的地区气温急剧下降。我国气象部门规定:冷空气侵入造成的降温,一天内达到10摄氏度以上,而且最低气温在5摄氏度以下,则称此冷空气爆发过程为一次寒潮过程。因此,只要听到寒潮即将来袭,就得注意保暖和防寒,尤其是农作物和养殖业,更需要未雨绸缪,做好防寒防冻减灾工作,避免严重冻伤,引发"寒害"。

常常和寒潮连在一起的名词是气团和冷锋。

气团是指密度、温度和湿度等三种物理性质很接近的一大团空气，可以想象成一大群志同道合、气味相投的空气分子，范围可以很广大，甚  至绵延数千千米，势力非常庞大。不同地区形成的气团，性质会有差异，例如，海洋上的气团水汽含量较高，比较潮湿，而高纬度的冷气团就比较干燥寒冷。以我国台湾在地球上的位置为例，正好会遇到两大气团势力，一个是极地高压冷气团，另一个是热带海洋暖气团，一冷一暖，物理性质不同，互相对抗，如果势力互有消长，就会在台湾呈现不同的天气。冤家路窄，两个性质不同的气团相遇，会发生什么事呢？

当两个温度、湿度、密度等性质不同的气团相遇时，不会握手言和，更不会轻易混合，相反的，会像古装剧里的两国相争，把自己的战士排列成作战的阵列，形成一个交界面，也就是两国的前锋互相对看，等待战鼓响起，一决胜负。所以，冷气团和暖气团相遇时，会形成一道不同性质的交界面，也就是天气预报中说的锋面。锋面的宽度从数百米到数百千米，锋面区域会产生垂直方向的空气运动，往往伴有降雨现象。

冷锋是指冷空气推动暖空气前进的交界面，天气符号以三角形表示为▲▲▲。既然是推动，表示冷空气的势力较强，因此冷锋来袭，就是天气要变冷，温度会下降，还会下雨。如果天气预报说冷锋锋面势力特别强，大概可想到寒潮威力之猛，需要注意寒害。

(a) 冷锋　冷空气　暖空气　冷锋　暖湿空气在冷锋面上爬升

(b) 暖锋　暖空气　暖湿空气遇冷凝结　暖锋　冷空气

（a）当冷空气推挤热空气使热空气上升时，会形成积雨云，表示即将有间歇性大雨；
（b）若暖空气强势推向冷空气，一般会形成层状云，容易有连续降雨现象

由此可知，寒潮和冷峰并不相同。两者的差别在于，以北半球为例，寒潮是一股由北方往南方移动的冷空气，而冷峰是冷空气推动暖空气前进的交界面。只要寒潮来袭，冷峰就是侦测寒潮方向的前哨站。

科学实验游戏室

天气瓶

一般被当作装饰品的科学教具天气瓶，也被称为气象瓶或风暴瓶，据说是19世纪英国海军上将罗伯特·菲茨罗伊为了在航海期间能预测天气所发明的携带型工具。瓶内可以根据外界温度变化而出现不同形态的结晶。

〔**实验器材**〕

玻璃瓶、烧杯、水、乙醇（酒精）、樟脑丸粉末、硝酸钾、氯化铵。

〔**实验步骤**〕

1.将天然樟脑丸粉末、硝酸钾、氯化铵和水搅拌，使之溶解成水溶液。

2.将步骤1的水溶液倒入装有酒精的烧杯中，再搅拌使之溶解呈清水状。

3.将步骤2调制好的水溶液倒入透明玻璃瓶，搅拌后盖紧瓶盖。

4.天气瓶就此完成。天气瓶会受温度影响，手有温度，可握着天气瓶观察瓶内结晶的各种变化。当温度降低时，会逐渐形成颗粒的结晶物，温度越低，结晶颗粒越多，范围越大。当温度升高时，结晶颗粒逐渐减少，再升高温度，结晶物逐渐溶解，天气瓶甚至变得清澈透明。

晴天　　　　降温或下雨　　　下雪

天气瓶在不同温度下的结晶情况

娜美的天候棒

看过日本漫画《海贼王》的读者想必对女主角娜美的"天候棒"印象深刻，娜美的武器是否合乎科学呢？让我们好好地来拆解一番。

乍看之下，天候棒只不过是三根平凡得不能再平凡的棒子（三节棍），三节棒子分别扮演了热、冷、电三种制造机，根据不同组合，可使出数种惊人的绝招。

比如说，挥动热棍发出热气泡，若被热气泡打中会有灼热或烫伤感；冷棍则发出冷气泡，让周围空气一部分变冷，空间中就会有冷空气和暖空气，当太阳光进入不同密度层的空气，因光的折射而形成海市蜃楼的幻影，借此迷惑对手，也形成类似雾里看花的绝招；电棍则发出带有连续电荷的电气泡，造成对手类似静电作用的触电感。

又如"超级龙卷风""晴天霹雳""天打雷劈"招式，

都需先将三节棍储存能量，储存能量的方式之一就是"雷电充能"。想必这其中有电子元件电容器储存电荷和电能的功能，才能在使用"超级龙卷风"和"晴天霹雳"绝招时，通过瞬间放电功能产生能量，结合三节棍旋转，形成超大动能的"龙卷风"和"晴天霹雳"，以及"天打雷劈"的雷击效果吧！

轮胎打滑怎么办

在寒风凛冽的冬天，到山上赏雪、打雪仗、堆雪人，雪景尽收眼底，是许多人梦寐以求的心愿。如果全家人到山上看风景，遇到低温造成地面水分冻结，汽车的轮胎在停车场只能空转却无法离开原地该怎么办？

大家一起来推车？花钱请拖车，耐心等待救援？

这些做法也许可行，不过比较让人扫兴和不开心。有没有更聪明更科学的办法，让车子移动呢？

在回答之前，我们先用简单的例子说明。不知道大家有没有玩过电动玩具小货车？就是市面上售卖的，用电动机驱动的玩具小车。当小车碰到放在前方的障碍物积木时，小车车轮可能一直在原地打转，积木却纹丝不动。面对小车无法推动积木的窘境，该如何帮助小车，让小车有办法推动积木呢？

积木纹丝不动，从力学的观点来看，显示小车对积木的推力，无法克服积木与地板之间的最大静摩擦力。

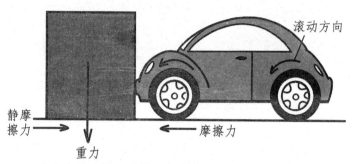

当小车施力推一重物（如积木），积木仍保持静止不动，此时积木与地面之间具有静摩擦力。小车和积木之间同时也产生了大小一样、方向相反的作用力与反作用力

　　小车能推动积木的力学原理究竟为何？小车的电动机把电能转变为机械能，小车才有动力开始推积木。一开始，如果小车与积木都不动，依据牛顿第三定律——作用与反作用力的原理，小车与积木之间存在着一对推力，它们大小一样、方向相反、同时发生，但分别作用在小车和积木这两个不同物体上。当小车的动力（即推力）逐渐增加，且超过积木与地板之间的最大静摩擦力时，积木就被推动了。但是，万一这个推力达到小车与地板之间的最大静摩擦力时，积木仍未被推动，小车的轮子只会在原地打转，而无法产生足够的推力推动积木了。

了解这个原理后，我们知道只要增加小车与地板间的最大静摩擦力，就可以帮小车"毕其功于一役"。物体越重，最大静摩擦力越大。只要在小车上放较重的物品（如几个一元硬币或其他金属物体），或者在小车所在地板上铺一张粗糙的砂纸，就能增加静摩擦力。这样一来，小车就可以推动积木了。

　　现在你知道该如何把轮胎陷在雪地里的汽车救出来了吗？可以增加汽车重量（如车上有人坐着或在车中增加一些重物），也可以增加轮胎的摩擦力（如为轮胎加上防滑链），从而防止车轮打滑。如果遇到泥泞地，车轮原地打滑，就需要想办法在地面撒上粗糙的泥块或其他能增加最大静摩擦力的物质就行，这样才有机会帮车子脱困。

　　日常生活中，摩擦力无所不在，例如很用力才能推开生锈的门窗，用很大的力气才能移动家具等，这是摩擦力造成的不便。但是如果没有摩擦力，接触面完全光滑，那也不行，我们将无法行走、奔跑，无法握住容器，汽车也无法转弯，可以说："生活，成也摩擦力，败也摩擦力。"

科学实验游戏室

测量摩擦力

〔实验步骤〕

1.取一片木板和一块小木块，将小木块放在水平放置的木板上，木板一端固定在桌面上。

2.逐渐缓慢地抬高木板另一端，观察木板倾斜角增大到几度时，小木块恰可自木板斜面上滑下。如果知道这个倾斜角度，就可得知木板和小木块的接触面的静摩擦系数。重力在斜面上可提供一向下的分力，而垂直于斜面的分力会影响最大静摩擦力的大小。因此，向下推动木块时，只要再加上少许的力，即可克服摩擦力而移动木块。

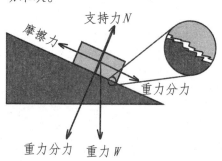

在斜面上的小木块的受力情况。W是重力，可分解成平行斜面向下的分力和垂直斜面向下的分力，N是斜面给小木块的垂直作用力（称为支持力）。此时，物体有往下滑的趋势，斜面会产生沿斜面向上的静摩擦力

物理说不完……

古埃及人运送金字塔石块

古埃及人究竟如何运送金字塔石块？根据考古学家研究，古埃及人经过多次尝试，发现搬运巨大雕像或运送厚重的金字塔石块时，用圆木当车轮，一路穿过整片沙漠时，将些许水分混入沙中，可以有效降低接触面的摩擦力，节省体力。这个道理如同在沙地上运送货物时，同样可以洒点水，让沙粒相互黏合，减少物体与地面接触时的摩擦力。

古埃及人用圆木当车轮运送巨石

拔河比赛

　　根据牛顿第三定律——作用力与反作用力的原理，对于拔河的两支队伍，甲队对乙队施加拉力时，乙队对甲队必也同时产生相同大小的拉力。因此，双方人马之间的拉力不是决定输赢的关键。

从两队受力分析可知，只要队伍所受的拉力小于队伍与地面的最大静摩擦力，则该队就不会被拉动。因此，队员必须穿上鞋底有特殊纹路的鞋，通过材质增大接触面最大静摩擦力；队员的体重越重，最大静摩擦力就越大。当胖队和瘦队穿着相同鞋底的鞋进行拔河比赛时，胖队较容易获胜，是因为有较大的重力，从而有较大的最大静摩擦力。

此外，拔河比赛的输赢也受到整体队员技巧的影响。例如，人向后仰，可以借助对方的拉力来增加自己与地面的压力。

依据现行国际拔河比赛的场地设计，有比赛的专用"地毯"。选手穿的比赛专用鞋，鞋底是平整的纹路，重点亦是增加鞋底和地毯接触面的摩擦力。

简单来说，增加地面与脚底接触面的最大静摩擦力，是拔河比赛的致胜关键。

休闲物理秀

吹泡泡和水上漂

水黾可以在水面上快速行走，缝衣针是铁制的，却可以浮在水面上，大家是否觉得不可思议呢？

只要仔细观察，水黾在水面上滑行时，脚其实没有沉在水中，反而像是把水面踩凹，而水面像有一层弹性膜支撑着水黾，不让它沉下去。

为什么水滴是圆的

这是什么原理呢？我们可以做个简单的实验：将透明玻璃杯或实验室的试管加满水。当水面与杯（管）口齐平时，再慢慢加入水。可以发现，水面会高出杯缘一点点，却不会马上溢出！

贴近杯缘观察，高出来的水面，就像一层薄膜那样把水包住，让水不会溢出来。水面那层绷紧的弹性膜，就是物理学上说的表面张力。液体由分子相互间的吸引力凝聚而成，所以液体的凝聚

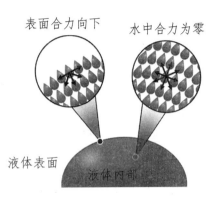

表面合力向下　　水中合力为零

液体表面　　液体内部

力是形成表面张力的原因。在液体中，每个分子都受到邻近分子的吸引力，因此每个方向受力相等，分子力合力为零。但是介于气体和液体间的分子的受力并不均衡，造成液体表层分子受到液体内部分子的吸引而内缩，故产生表面张力的现象。简单来说，表面张力使液体的表面积达到最小，表面积越小，液体就越稳定，所以当水面下的水分子被往下拉时，水面便形成曲面，而悬浮于空中的液体，就一定会变成球形（如上图）。

　　简单来说，是水面具有向内紧缩的力量，能使高出杯缘的水不外流。如果动作够小心、够轻巧，也可以利用水的表面张力，让密度比水大的金属，如缝衣

针或回形针，浮在水面上。甚至昆虫、锡箔碎片也可以漂浮于水面上。但是，如果不小心戳破水面，缝衣针就会沉入水中。

表面张力的薄膜效应并不是纯净水的专利，其他液体也有这种神奇特性，例如含有酒精的液体，想必大家都听过倒啤酒时，也常提到表面张力。

在空中的水滴，整颗表面都会与空气接触，水滴表面因受到向内的分子引力的影响，因此水分子会被导向液体内部，使液体形成球状。这种表面往内缩紧的力量，就会使水滴形成表面积最小的状态（如右图），

而体积固定时的最小表面积是球面，因此空中落下的小水滴都会呈现球状，又如叶片上的露珠或泼洒在地面上的水银也呈现球状。

液体分子间有作用力

为何水或其他液体会有表面张力呢？主要原因就是液体分子间的作用力，简称为分子力。同一类分子间

的吸引力称为内聚力，例如水分子与水分子的吸引力就是内聚力；不同类分子间的吸引力则是附着力，例如水分子与玻璃杯的玻璃分子间的吸引力，造成靠管壁的水分子层同时受到内聚力和附着力的互相拉扯。

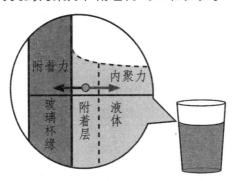

附着力大于内聚力，故管壁液面成凹面

表面张力会受到分子力的影响，而分子间的吸引力，会受到分子种类、温度、浓度以及是否掺入杂质的影响。例如水在不同温度时，会呈现不同的表面张力，高温时，水分子间距较远，吸引力变弱，表面张力就小。以液体种类而言，具有强烈毒性的水银（汞），其分子间的吸引力比水强，因此常温时，水银表面张力比水大。万一不小心将水银洒到地上，你会发现水银比水更能明显呈现出球状，而且它很容易聚集在一起。

科学实验游戏室

肥皂泡泡把棉线撑开了

有个简单的小实验，可以帮我们理解表面张力使液体表面积缩小的特性。

将细长的铁丝绕成圆环，在环内连接一小圈棉线，将整个铁丝环装置放进肥皂水中再提起，让铁丝环内形成肥皂泡膜（如下图）。

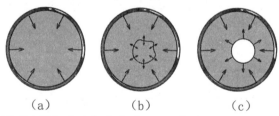

（a） （b） （c）

在圆形金属框上沾肥皂泡膜 (a)，将膜面上棉线圈内部的泡膜戳破 (b)，戳破后，发现棉线圈被液体的表面张力拉成圆形 (c)

接着将棉线圈内的肥皂泡膜戳破。将会发现：棉线圈会撑开变成圆形。这是因为肥皂泡膜会互相拉紧，圈内的肥皂泡膜破裂后，棉线会被外围的肥皂泡膜拉过去，成为圆形。棉线圈内的空心部分为圆时面积会最大，而圈外肥皂泡膜的表面积缩到了最小。

水的毛细现象

毛细现象是指液体沿着管壁内缘移动的现象。把口径（直径）很小的玻璃管插入水槽中，可见到管内上升的水柱高度会超出槽中的水面，如图所示，称为毛细现象。管的口径越小，毛细现象就越明显。这种口径细小的玻璃管被称为毛细管。

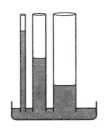

当玻璃管插入水槽中时，管内的水柱高度会超出槽中的水面。管径越小者，管中的水柱越高

水分子具有化学性质的"极性"和"氢键"，这是水分子间具有内聚力的原因。在细玻璃管中央的水面会比管壁的水面略低，也就是中间部分略呈凹陷，是因管壁与水分子之间的附着力略大于水分子与水分

子之间的内聚力，附着力把管壁的水往上稍微提升。反之，若附着力小于内聚力（如水银），液面将呈凸出现象。

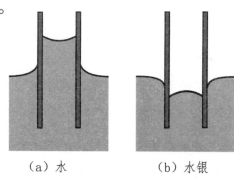

（a）水　　　　　　（b）水银

(a) 将细管插入水中，如果液面成凹液面，液体将在管内升高；
(b) 如果液面成凸液面（如水银），液体将在管内下降

大自然中有不少毛细现象，例如植物内部水分的传输途径之一是靠根的木质部，木质部可视为很细的毛细管，通过毛细现象把水从较低处传输至高处，再由茎部的维管束毛细作用，分散至茎部各处。又如土壤中的水分由于毛细现象将水由潮湿处传输至干燥处；毛笔蘸墨汁后，墨汁沿细管爬升；纸巾沾到水而逐渐潮湿；海绵通过孔洞的细管作用而吸取大量液体，皆是毛细现象。

"酒泪"挂杯

如果在喜宴或品酒的场合，你看到有人拿起半杯的红酒，以高脚杯柱为轴心，有节奏地旋转酒杯，然后煞有介事地定睛观察酒杯内壁的酒滴，口中似有感触地吐出："好酒啊！"此时，你会不会疑惑，这个人"究竟卖什么膏药呢？"

其实，旋转酒杯是为了扩大酒与空气的接触面，加速释放挥发葡萄酒香气，至于酒杯内壁的酒滴，被赋予一个颇有诗意的名字——酒泪——悬挂在杯子内壁的"眼泪"。这种现象称为"酒泪"挂杯。

有人说："'酒泪'越多，酒质越好。"因此"酒泪"挂杯现象，引起不少物理学家研究的兴趣。19世纪的英国

物理学家詹姆斯·汤姆森曾发表论文《在葡萄酒和其他酒类表面观察到的一些奇特现象》，认为"酒泪"挂杯是液体表面张力作用引起的毛细现象。之后，又有物理学家提出观点，认为葡萄酒的酒精挥发速度比水快，当酒精逐渐挥发后，酒杯内壁的酒液分子的表面张力就越来越高，在表面张力的作用下，酒液就被拉扯成一道道"酒泪"，而且在地球引力的作用下缓缓地沿酒杯的内壁往下滑动，形成"酒泪"挂杯现象。

我们以流体力学观点解释"酒泪"挂杯，它可说是综合酒精（乙醇）溶液的表面张力、内聚力、附着力、重力的作用后，所产生的奇妙现象，倒不是与酒质好坏有绝对关系。

青春飞舞的滑冰

每隔四年举办一次的冬季奥运会，总是引起全球关注，尤其是竞赛项目之一的女子花样滑冰，更是让许多人着迷。我们在电视转播画面上看到参赛者在比赛场地上划出美丽的图形，表演高难度动作，总是看得如痴如醉。这些高难

度的动作可是蕴藏着许多物理学原理！

开始入场时，滑冰选手会缓缓行走，通过足部给地面的作用力来获得地面给选手的反作用力而加速，继续获得动能。达到一定的速率时，选手再通过下肢的力量和膝盖的曲膝动作，将之转化为向上跳及在空中旋转的动能。

想想看，世界级选手在空中旋转3圈，每圈只需要0.2秒，可见在空中作圆周运动的速率有多快。为了

让旋转速率加快，转动的动能就必须更大。

滑冰选手在空中快速旋转后，落地的瞬间则充满变数，往往考验选手的技巧与应变能力。有些滑冰选手就因为旋转时重心超越双脚站立构成的底面而造成失误。

平常我们要能站得稳稳的不会摔倒，重心（大概在肚脐附近）必须落在双脚构成的底面内，如果因为身体弯曲，让重心落在这个底面外就可能跌倒。通常重心越低越稳定，越不容易因为外力而跌倒，所以拔河或篮球比赛时，教练都会叮嘱选手压低重心，就是这个原因。武术中的站桩也是同样的道理。

角动量和转动惯量

花样滑冰有项动作特别吸睛，就是选手以单脚为轴快速转动。我们会看到，当选手只以单脚接触地板为转轴点，双手靠拢往上举或环抱在胸前时，转速会快到让观众难以辨别五官；但当他们将双手往两侧伸出时，转速立刻变慢，可以看清楚选手自信的脸庞。

为什么只靠双手一缩一伸就可以改变转速？这与

物理转动力学的角动量和转动惯量有关。

我们先了解一下什么是角动量。角动量为一种向量，具有方向性，以右手定则判断，四指为转动方向，大拇指为角动量方向。

如果转动物体的体积很小，转动时，针对一个转轴点旋转，那么旋转中的物体对这个转轴点（俗称支点）的角动量表示为：

角动量 = 转动半径 × 旋转物体质量 × 旋转速度

半径、质量和速度越大，角动量就越大。所以，骑自行车、转陀螺，都是因为有角动量，才能转得又快又稳。

角动量方向

旋转方向

当轮子旋转时，与轮轴的轴面垂直且通过轴心的方向产生角动量，以维持轮子的转动平衡。角动量越大，转动就越久越稳

而花样滑冰选手在滑冰时，脚底与冰面的接触几乎可以视为没有摩擦力，也就是没有受到外力造成的力矩影响，角动量不会改变，故符合角动量守恒定律。

不仅体操、跳水动作会运用角动量守恒，连担任救援
工作的直升机也会应用到角动量守恒。直升机能顺利
飞行，需要依靠机身的大、小螺旋桨，两个螺旋桨的
转动彼此维持在角动量守恒的平衡情况下，才能让直
升机安全执行任务。

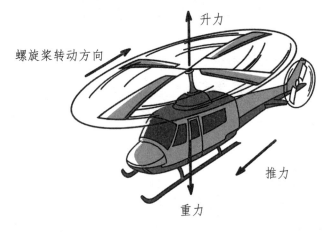

当主螺旋桨顺时针旋转时，与螺旋桨垂直且通过轴心向上
的方向会产生一角动量，往下有重力、往上有升力，机尾
小螺旋桨则协助，以维持角动量守恒的平衡状态

　　我们看到花样滑冰选手时而双手抱胸、时而双手
张开，旋转时抱胸，转动半径变短，转速因而变快；
双手张开时，转动半径变长，转速就会变慢，如果单

脚再往后抬高，转速就变得更慢。这就和转动惯量有关了。

快转　　　　　　　慢转

花样滑冰选手缩回双手时，则转动惯量减少，转速变快；若选手伸出双手，或抬起单脚，则转动惯量增加，转速将变慢

转动惯量表示为：

转动惯量＝旋转物体质量 × 转动半径的平方

上面的数学关系式可以解释为：当物体绕着固定轴转动，转动半径越大时，转动惯量就越大，物体就越不容易转动，即使会转动，转速也会变慢；如果物体可以改变质量，那么质量变大，物体的转动惯量也变大，不容易转动，转速也容易变慢。在整体角动量不改变的情况下，改变转动惯量，就会改变转速。所以，花样滑冰选手的动作符合角动量和转动惯量的原理。

休闲物理秀

科学实验游戏室

飞轮和旋转椅

　　这项活动的器材很简单，就是一张旋转椅，一个用自行车车轮做成的飞轮。体验活动的步骤如下：

　　1.请参与体验活动的演示者坐在转椅上，手拿着飞轮。

　　2.请其他人帮忙用力快速转动飞轮，此时坐在转椅上的人改变飞轮的位置，观察飞轮变化的方向与演示者和旋转椅的整体运动模式。

这个体验活动的原理其实是物理学的角动量守恒原理。由于演示者坐在旋转椅上，和飞轮构成一个独立的系统，这个独立系统不受外力的力矩作用或影响，因此达到角动量守恒。

当演示者企图变动飞轮自转轴方向时，系统为维持角动量守恒不变，就会产生一个反向的力矩作用在演示者的身上，演示者为维持坐姿不变，因此带动旋转椅旋转。

在此体验活动中，飞轮的直径越大，重量越重，演示者旋转飞轮时所产生的角动量变化越大，演示效果就会越明显。

哑铃和旋转椅

角动量体验活动也可以设计如下：

演示者坐在旋转椅上，两手各拿一个小哑铃，请其他人帮忙用力旋转椅子。体验一下，演示者的双手向两侧伸直时，旋转椅的转速是否会变慢？同理，若把两手收回到胸前，双臂夹紧，旋转椅的转速是否又会变快？

从以上的实验活动中，可以得知：当人坐在转动中的旋转椅上时，若双手向外平伸，旋转椅转速变得比较慢；若把两手收回到胸前，双臂夹紧，旋转椅转速又变快。这就是角动量守恒的原理。

 物理说不完……

地球绕太阳公转

太阳系八大行星的运动也跟角动量有关！地球就是受太阳的万有引力作用，绕着太阳在椭圆轨道（黄道）上公转，太阳位于椭圆轨道的其中一个焦点上。一年四季，地球与太阳的距离并不固定，因而地球在轨道上的位置有近日点和远日点。地球公转至近日点附近，大概是 1 月份；若地球在远日点附近，大约是 7 月份。

如果地球绕太阳的运动以太阳为转轴点，太阳对地球的引力会正好通过太阳，此时，引力对转轴点的力矩为零，因此不会改变地球公转时的角动量，角动量是定值。也就是说，地球运行到近日点（如下图的 a、b）附近时，速率会变快，运行到远日点（如下图的 c、d）时，速率就变慢，就像花样滑冰选手双手抱胸时旋转速率较快（半径短），展开双手时旋转速率较慢（半径长）；也说明了行星绕太阳的单位时间内，所扫过的面积大小总是相同的原因（如下图，$A_1=A_2$）。这个现象符合角动量守恒的原理，同时也是著名的开普勒第二定律。

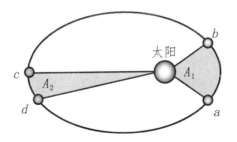

联合国教科文组织在 2016 年正式将二十四节气列入人类非物质文化遗产名录。你知道二十四节气与物理相关吗？这可涉及著名的天文物理学家开普勒的开普勒第二定律（面积定律）。

联合国教科文组织将地球绕太阳公转的轨道划分为二十四段，相邻两个节气对应的地球到太阳的连线，其夹角都是 15°。依据下表资料和面积定律，相邻节气夹角均为 15°，但冬季的时距最短，所以地球与太阳连线平均每秒钟扫过的角度，在冬季时最大，而一年四季的地球与太阳连线每秒钟扫过的面积都相等。由此推断，随着季节变化地球与太阳的距离以及地球公转的速率会变化，冬季时地球与太阳间的距离最近，且地球运行最快。因此，地球在两节气之间公转的路径长度，四季都不相同。

季节	节气	时距
春	清明	15 天 07 时 09 分
	谷雨	
夏	小暑	15 天 17 时 26 分
	大暑	
秋	寒露	15 天 13 时 09 分
	霜降	
冬	小寒	14 天 17 时 27 分
	大寒	

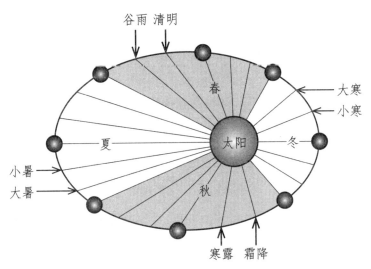

过山车——最惊险刺激的圆周运动

过山车是一种非常刺激的机动娱乐项目，搭乘过山车时，游客时而感觉自己特别沉重，时而感觉往座位方向挤压，时而感觉快掉出座位，那种风驰电掣、尖叫掉泪的快感，让不少

年轻朋友趋之若鹜。这种刺激感是怎么来的呢？

在物理学上，环绕360度的过山车近似于速率有快有慢的竖直平面内的圆周运动。当物体（如车厢）作圆周运动时，必须依靠外力提供能顺利转弯的向心力，使得物体具有向着圆形轨迹中心的向心加速度，向心加速度的方向与圆周运动瞬时速度方向垂直，主要功能是让车厢顺利转弯。

如果没有向心力，物体会依照牛顿第一定律（惯性定律），沿着切线方向脱离圆周运动的轨道飞出（如下图），只要有足够的向心力，过山车就不会脱离轨道而掉下来。

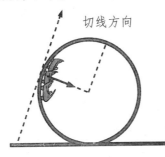

切线方向

如果没有足够的外力作为向心力，根据牛顿第一运动定律，过山车会沿切线方向飞出

　　物体在作圆周运动时，需要的向心力究竟要多大呢？这需视情况而定，因为与物体的质量、速率和轨道半径有关。物体越重，转得越快，轨道弯度越大，所需要的向心力就越大，危险性就越高。

　　你可以试着在过山车快速转弯时把手抬起来，这时候会发现手变得很重，这就是向心力所造成的效应。足够的外力提供足够的向心力，才能把过山车固定在轨道上绕来绕去。

　　过山车只有在上坡时使用电力带动运输带，将车厢运送到高处，之后往下俯冲的刺激过程就没再用到任何电力，这时是机械能的转换，也就是重力势能转换成动能，由地球引力作用而产生加速度，所以过山车才会越冲越快。

机械能的转换符合能量守恒定律。能量守恒定律指的是：一个系统的总能量改变等于传入或传出该系统的能量，也就是能量不会凭空产生，也不会凭空消失，只会在转移的过程中保持总量不变。总能量为系统的机械能、热能，以及除了热能以外的任何内在能量形式的总和。

因此过山车在通过高点和低点时，根据能量守恒定律在运动，势能和动能会不断转换（如下图）。

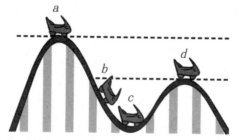

过山车行至最高点 a 时，动能最小，重力势能最大；继续往下冲到 b 时，动能增加，势能减少，到达"山谷" c 时，势能减少更多，动能再增加。过山车从 c 继续往上攀爬，势能逐渐增加，动能减少。过山车在运动过程中，因为车轮与轨道的摩擦力作用，消耗部分机械能，第二个山头 d 的高度设计会比 a 低

搭乘过山车的过程中，哪一段最刺激？体验过的人大概会不假思索地直接回答："当然是下坡的时候。"确实如此，因为那是向下加速度最明显的阶段。如果再问："这段过程，坐在哪一节车厢的感觉最刺激？"你的答案会是什么？速率越快，刺激感就越大吗？

　　打个比方，如果一列匀加速移动的火车，当车头（第一节车厢）经过路旁一根电线杆的时候就有速率，那么最后一节车厢经过这一根电线杆的速率会比车头第一节车厢通过电线杆的速率快，因为车厢作（正的）匀加速运动，经过一段距离后，速率会加快。同样的，在下坡过程中，坐在过山车最后一节车厢的感觉最刺激，转弯时那种因离心效应造成被抛离的错觉感最深刻，岂是"沦肌浃髓"可以形容？

　　当过山车沿着轨道移动时，坐在车厢中的你是否会感觉有一股力量将你往座位方向挤压？这是因为作用在乘客身上的合力不断变化，列车的速度和弯道的角度也在变化。当车厢在轨道的不同点时，各点的合力不同，加速度就不同，速率也不相同，乘客会感受到作用在自己身上的作用力不断地变化。

　　世界各地游乐园的过山车轨道形态不一定相同，因此刺激程度也不一。如果是完整的竖直平面内的圆形轨道，像汽车或摩托车在立体竖直平面内的圆形轨道上的特技表演，那就非常刺激，因为在轨道面最底端的速率不够大，或最顶端的速率太小，就可能摔出轨道。依据物理的力学分析，在竖直平面内的圆形轨道运动时，最高点的速率有一最小值$\sqrt{gr}$（称为最高点临界速率，g是重力加速度，r是轨道半径），最低点也有一最小速率$\sqrt{5gr}$（最低点临界速率）。当车厢或表演特技的车作竖直平面内的圆周运动时，最高点和最低点的速率都有一最小值，否则速率太小，车就会脱离轨道。

　　此外，车在竖直平面内的圆形轨道的最高点时，如果速率正好是最小值，这时轨道给车的支持力恰为零，只靠车受到的重力作为圆周运动的向心力，如果我们此时坐在车上，你知道会有什么感觉吗？会感觉身体突然变轻，抓不住自己，瞬间感觉和在太空中一样，"失重"啦！如果转到最低点呢？这时车的速率若是最小速率$\sqrt{5gr}$（最低点临界速率），根据力学原理计算出轨道给车的支持力是物体所受重力的6倍，也就是说我们通过最低点时，会"超重"，如果在此时能用体重秤测量，数值会大得惊人。

　　用下面这张图来分析，木块相当于过山车或表演特技的汽车或摩托车，过山车（下图中的木块）依靠高度的重力势能转换成动能，作为能环绕竖直平面内的圆形轨道的动力（严谨来说是机械能）来源，那么木块一开始的高度不能太低，一定比圆形轨道最高点的位置（图中的 B 点）还要高，如果轨道能真正做到无摩擦，很光滑，根据机械能守恒定律，可算出木块的起始高度离轨道最低点至少须高出半径 r 的 2.5 倍，木块才不至于脱离圆形轨道。

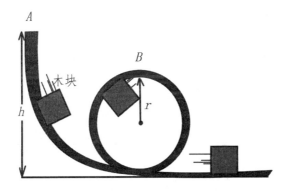

如果轨道面光滑，木块刚好通过圆环顶端且所受轨道的瞬间支持力恰好为零时（此时失重），这时木块最小释放高度 $h = 2.5r$

在圆形的过山车轨道上，直到过山车驶出轨道，沿水平方向回到起点时，我们才再度回到原来的重力"感觉"，结束刺激之旅。

过山车的魅力就在短短的一段轨道中，在短暂的时间内，在不同的位置上，作用在乘客身上的力不断变化，造成不一样的"超重""失重"变化，让乘客体验出各种不同微妙的感觉。

 物理说不完……

海盗船与天旋地转

游乐园中的海盗船和天旋地转，可视为竖直平面内的圆周运动，让乘客体验"超重"和"失重"的刺激感。海盗船和天旋地转在运行时，有一段时间是通过机械能转换为动能与重力势能，也就是改变每一点的速率和高度，因为速率不同，所需要的向心力就不同，而重力方向都保持向下，因此轨道给人的作用力和方向会不断改变，乘客就感受到受力不一样，产生难以言喻的刺激感。

　　当然，游乐园的海盗船和天旋地转并不是完全不用电能，一开始还是需要电能提供动力来源，当进入转动模式后，就可以通过重力作用改变每一点的速率，也就是动能与重力势能的转换。

划龙舟如何才能拔头筹

一到端午节，就会想到粽子、屈原、立蛋、汨罗江，还有划龙舟竞赛。端午节吃粽子的由来，广为流传的说法是，老百姓为了感怀与褒扬屈原的忠心，将粽子投入汨罗江，希望鱼虾吃饱后不会再啃噬屈原的身躯。此外，在江上竞相撑船是希望找到屈原，后来演变成龙舟竞赛。

划龙舟是端午节重要的民俗活动，也是锻炼体能及培养团队精神的运动，而且划龙舟时运用了很多物理原理。

 ## 桨与水——力的互相作用

一组龙舟竞赛团队中通常有舵手、鼓手、锣手、划桨手和夺标手。十几位划桨手依循鼓手和锣手敲击的韵律，用相同的动作节奏，奏起桨与水互动的进行曲。

桨施加一作用力给水，将水推向船后，水同时给桨一个反作用力带动龙舟，将龙舟推向前方。

就像我们游泳时划水那样，让水的反作用力来推动龙舟，使龙舟获得物理学上所说的动量，就是包含选手在内的龙舟总质量乘以龙舟的速度。

一般而言，龙舟竞赛时，舵手扮演助划角色，控制龙舟的方向，使龙舟能笔直前进，避免滑出赛道，导致违规。舵手使用的桨与划桨手不同，比较长且宽。当划桨手用桨划水时，如果将水和桨视为两个独立个体来讨论，水的反作用力同时对桨做功，即对龙舟做功。这个功，可以转变成龙舟的动能，让龙舟产生速度。

物理学上的功与作用力和受力体（龙舟）沿着作用力方向移动的距离有关。划桨手越用力划水，根据牛顿第三运动定律——作用力与反作用力原理，水作

用在桨与龙舟上的反作用力就越大，使龙舟可以获得较多的功，再转变成较多的动能。

划龙舟时，划动频率较快或慢，会影响龙舟的速度吗？这里的划动频率是指相同时间内，桨的划动次数。

如果要夺冠，必须想办法让龙舟获得最大的动量。最佳状况是在相同的时间内，既能增加划动频率，又能增大划水量。不过，这个挑战难度颇高。

一般划水时，有两种选择方式：第一，划动频率较快，每次划动较少的水；第二，划动频率较慢，每次划动较多的水。这两种都可以使龙舟获得相同量值的动量，具有相同的速度。

再深入讨论，划桨手每次划水后，我们把龙舟和水视为一个共同体，这个共同体的总动能，就是龙舟的动能加上水的动能，是划桨手每次划水时做的功。

以这个观点讨论划船方法的效率，就会发现：同一段时间内，每次划动频率较低但总的划水量较多时，龙舟行进速度会比划动频率较高但总的划水量较少时为快，也就是说，前一种方法能更有效率地将龙舟向前推进。

然而，就像闽南语俗谚"有一好，无二好"，如果一开始从静止状态启动龙舟时，就采用划动频率低，但总的划水量多的方法，会很费力，因为需要给龙舟较大且持续的动量，让它获得较大的外力来启动。因此，一开始最好是划动频率高，但总的划水量少，比较不费力，也较不容易造成运动伤害。等龙舟启动一段时间后，再换成划动频率较低，但总的划水量较多的方式，如此搭配运用，可以让龙舟更有效率、稳定地向前划进。

最佳划桨方法

如果要划得快，划龙舟还涉及力矩、握桨的技巧、水的阻力等。

根据力学的观点，对支点而言，力臂越大，力矩就越大；力矩越大，桨的转动效果越强，划水效果就越好，水被拨动也越

快，龙舟受到向前的力量就越大。

划桨时桨入水时应轻盈，避免造成过多的水波及扰流；划水后到达出水点，桨离开出水面时要迅速；桨面出水后避免再接触水面，以减少摩擦力；桨面必须维持与龙舟前进方向垂直向后划，龙舟才能获得来自水的最大反作用力。

划桨时也要尽可能将身体和手往前移，也就是将桨的入水点尽量往前伸，使入水点与划水后的出水点距离尽量长一些，增加划水过程的

桨面与龙舟维持垂直，让龙舟获得最大的反作用力，使龙舟快速前进

长度，也可以增加水的反作用力对船身做功，转变成船身的动能，增加速度。这些道理与较长距离自由泳的划水动作相通。

龙舟前进速度的阻力

在水上的龙舟受到的阻力，除了空气阻力外，与

水接触时还有三种主要的阻力。第一是接触水面的摩擦力，也称为表面拖曳力，是最主要的水阻力；第二是龙舟在行驶时引起水波的扰流，形成的扰流拖曳力；其三，则是龙舟前行时，引起龙舟首波和龙舟尾流而消耗掉的部分能量。

表面拖曳力，比较容易消耗龙舟的能量，也就是容易降低龙舟的速度。一般而言，龙舟受到的表面拖曳力与龙舟速度的平方成正比，龙舟速度越快，表面拖曳力就越大。

如果以表面拖曳力造成消耗功率来讨论，平均消耗功率或瞬时消耗功率与阻力和瞬时速度乘积有关。如果详细计算比较消耗功率的多少，得到的结论是考虑水的表面拖曳力消耗的功率，龙舟竞赛全程维持同样的速度，会比先慢划再冲刺，或先冲刺再慢划来得好，因为消耗功率比较少。

龙舟竞赛中，除了选手的体能、技巧外，选手动作是否一致，是否具备足够的默契，是否能在竞赛中运用物理学原理，都是能否获胜的关键。

物理说不完······

摇橹

摇橹的原理是物理学转动力矩的原理。它是运用支点（转轴点）、作用力和力臂等力矩原理设计而成，并通过作用力和反作用的道理施力前进或转弯。

如果作用力与作用力到支点的垂直距离（力臂）相乘，所得的乘积是力对支点的力矩，也就是说：力矩＝力臂 × 力。

力矩有什么影响呢？力矩越大，物体越容易转动；反之，力矩越小，物体越不易转动。这就是摇橹是否容易操作，摇橹是否发挥功能的重要因素。

力矩具有方向性，一般为了方便解释，其方向通常分成顺时针与逆时针方向。若用相等的作用力而以不同角度拉动木棒时，发现以垂直木棒的角度产生的转动效果会比 45 度角大。此外，当沿着木棒的方向施力拉动时，木棒无法转动，也就是力的作用方向与转动效果有关（如下图）。

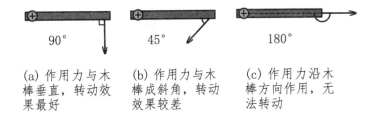

(a) 作用力与木棒垂直，转动效果最好

(b) 作用力与木棒成斜角，转动效果较差

(c) 作用力沿木棒方向作用，无法转动

　　我们的身体在运动时也有像摇橹的力矩转动效果，例如以手平举哑铃，可将手肘视为支点，则二头肌的作用力对支点产生的力矩对抗哑铃所受的重力对支点的力矩，如此的重量训练，可增强二头肌的力量。

歌剧院里总是余音绕梁

"音乐之都"奥地利维也纳有座知名的歌剧院，舞台和墙壁采用曲面设计，以便能清楚地传递声波。所以在歌剧院中，就算我们距离舞台有六七十米远，仍然能清楚地听到歌声。

被建筑业称为"全世界最难盖的房子"的台湾省台中市歌剧院，仿照古代洞窟，设计了"美声涵洞"，内部共有五十八面曲面墙。

为什么墙壁要设计成曲面呢？这跟声波的反射、吸收和空间的混响有关。

声波反射让对方听到声音

声波需要靠媒介物质（简称为介质）才能传播，平时我们说话时就是依靠空气这个介质才能把声音传出去，让别人听到我们的声音，达到沟通的目的。

日常生活中，如果没有空气帮我们传递声波能量，我们彼此就只能看到对方的口型变化，但无法接收声波信息。

声波在传播过程中，遇到障碍物会反射，就跟光遇到镜子会反射一样。山谷的回音，或是用声呐去探测海底，都跟声波的反射有关。

不过，在反射过程中，有一部分声波的能量会被交界面的物质吸收，因此反射后的声音会比较小声。

由于声波遇到不同介质而反射时，会遵守反射定律，所以可设计一些有趣的活动。比如在科技馆中，常会见到以两个抛物面做成的曲面镜（凹面镜），两个曲面镜的焦点在同一直线上。两个人分别站在焦点上说话，就算隔了一段距离，对方也能听见（如下图）。

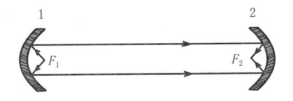

曲（凹）面镜的焦点分别是 F_1 和 F_2。假如甲乙分别站在 F_1 和 F_2 处，甲在第 1 个凹面镜的焦点 F_1 处小声讲话，声波经由凹面镜 1 反射后，会平行前进。遇到第 2 个凹面镜时，声波反射会聚在焦点 F_2 处，乙就可以听到甲说的话

歌剧院的曲面墙正是运用了声波反射的原理。曲面采用不易吸收声波能量的材质，能更好地反射声波，所以如果将观众的位置安排在每个曲面的焦点附近，当演出者也在曲面的焦点时，就能通过反射传递声音。

混响与听觉清晰度

不过，要让观众清楚地听到舞台上的声音，设计时除了考虑墙面的反射与吸收效果，也要考虑混响。

混响指的是原先发出的声音，会和反射后的回声交互影响。

在室内发出声音必定有回声，只是强弱不一。当声源停止发声，声音就会被环境中的物质吸收，让声波能量逐渐减弱。

像这样当声源停止发声，声波在封闭空间反射延续的时间，就称为混响时间。混响时间会影响听觉的清晰程度，也就是辨识度。

混响时间若太短，声音听起来会干涩而且不自然，缺少包围感和空间感；但若混响时间太长，旧的声音尚未消失，新的声音又出现了，反而使原声混乱不清。

所以，音乐厅或歌剧院等建筑会把混响因素列入设计考量。

 科学实验游戏室

吹出不同的频率

〔**实验器材**〕

量筒（100毫升）一支（如同管乐器）、小漏斗一个（放在量筒口倒水用）、胶头滴管一支（微调水位时，滴入水用）、烧杯或玻璃杯一个（装水用）、手机（下载APP应用程序的频谱分析仪）。

〔**实验步骤**〕

1.在实验桌上准备好材料，烧杯或玻璃杯先装八分满的水，手机先下载测量声音的频谱分析仪。

2.把小漏斗放在量筒口上，再将烧杯或玻璃杯的水倒进漏斗，用嘴紧靠量筒口的边缘吹气。从未装水到装水10毫升、20毫升、30毫升、40毫升，一直到90毫升，为了使水位读数更精准，可使用胶头滴管微调水位。每增加 10 毫升的水位，就用嘴吹一次，每吹一次，就用手机应用程序 APP 的频谱分析仪测量频率为多少赫兹，记录每一次的数据，可得到 10 次的数据。（注：每一次改变水位，要注意眼睛平视量筒刻度线，否则很容易产生误差，并用胶头滴管吸取烧杯内的水，再滴入量筒内，微调控制水位；反之，若量筒内的水过多，也可用胶头滴管吸出而微调水位。若能准备 10 支相同的量筒，可事先在量筒内装好不同刻度的水。）

水位越高，频率越高，音调就越高

3. 比较 10 次的数据，看看是否水位越高，频率值越高。（注：吹的时候，也可以用耳朵听听音调是否有高低变化。音调越高，其对应的频率也会越高。）

物理说不完……

古人唱歌不用麦克风

在没有麦克风及音场设计的唐代，人潮拥挤时要怎么听清楚白居易《琵琶行》中描述的"大弦嘈嘈如急雨，小弦切切如私语。嘈嘈切切错杂弹，大珠小珠落玉盘"？如何能在众多观众的空间中好好聆听一场古人的"中国好声音"或"声入人心"的音乐盛宴呢？

我的判断是古代以唱歌和弹奏乐器来养家糊口的人，想必很擅长观察演出地点有何优劣势，了解观众的特征，歌者了解运用丹田唱歌，有娴熟的唱歌技巧，懂得保养声带，演奏者了解乐器的发声原理和特色，从累积的经验中知道如何安排乐器的位置。因此，即使没有麦克风，也能好好表现唱歌的艺术。

再者，古代表演的地方应

该没有像现代的音乐厅或歌剧院那么宽大，也可能没有类似"鸟巢"这种场地，空间不大加上欣赏歌唱或乐器演奏的人大部分是安静不喧哗的观众，因此在不嘈杂的空间，可以聆听没有麦克风的演出。

此外，从古装剧中来看，我猜想古人可能会在表演的舞台上，在适当的位置摆上几面大型铜镜或屏风，发挥声波反射效果，将声音传送至舞台外的某个角落，这可能是经验丰富的演出者想出的设计。

也许白居易时代的古人很聪明，早已发挥了音场设计的智慧。

耳机如何消除噪音

读者可能有这种经历，搭公交车、地铁或火车时，我们常戴上耳机聆听音乐，放松心情。然而路旁或公交车、地铁行驶时产生的噪音，难免影响听觉效果。倘若调高音量，或许听得比较清楚，但长期下来，可能严重伤害我们的听觉系统。

想要戴耳机听音乐，又得防范耳朵受伤，该怎么做？

"科技始终来自人性"，科技提升生活品质，现在已经发明了一种能消除噪音的耳机。这种耳机应用物理学声波干涉原理，通过侦测周围环境的噪音，再利用耳机内置的喇叭，产生相反相位的声波，造成声波与声波间的破坏性干涉，以达到消除噪音的目的。这样一来，我们不用增加音量，就能享受听音乐带来的愉悦感。

火光物理秀

电线的火花

在凛冽的寒冬季节，倘若能与知心朋友或家人聚在一起天南地北地闲聊，屋内点着电灯，用电热水壶煮开水泡茶泡咖啡，烤箱里有可口酥脆的点心，电饭煲里有热腾腾的八宝粥，烤面包机里有温热的吐司，再加上电暖炉发光发热的陪伴，相信这就是简单的幸福。但是，在温暖的屋内饮茶与咖啡，心头流淌着幸福时，须注意用电安全，因为幸福建立在安全之上。

 ## 电流热效应

在现代科技下，电热水壶、烤面包机、电饭煲等电器已成为我们生活的好帮手。一般而言，电器产品大多数是利用电流流经电器线路的电阻，再将电能转换成热能。英国科学家焦耳对此现象提出："电流流经导体产生的热量与电流的平方、导体的电阻和通电时间成正比。"这就是焦耳定律，也是电流热效应的基本原理。

利用电流热效应而设计的电器用品还包含吹风机、电熨斗等，这些电器用品内部都有导线，一般为镍铬合金的电阻线，通上电流后就可让电能转变为热能。电流热效应产生的热能是电阻消耗电能转变而来，在固定的时间里，流经的电流越强，导线的电阻越大，消耗的电能就越多，热能也相对越多。

回路、断路、短路

当电灯或电热水壶的插头插入插座时，灯会点亮、水会被加热至沸腾，电器能正常运作，这是因为电器与家里的电路构成了通路或回路。电路中的电流或电子的流动就会有周期性运动。如果拔掉插头，或电器内其中一个元件材料故障，或是插头与电线的相接处断裂，那么电路就连不上，电子就无法周期性运动，形成断路。

图 1 的灯泡两端加一段金属导线与灯泡串联，灯泡会亮，表示通路。图 2 的灯泡与电池的回路虽然是

接通状态，但是灯泡却不会亮。这是因为灯泡两端与金属导线并联（并排联结电池），金属导线的电阻远小于灯泡的电阻，电流或电子"很聪明"，会找阻碍（电阻）最小的导线通过，不会找电阻大很多的灯泡作为通路，因此造成数量很多的电子或很大的电流流经导线，此现象称为短路。此外，也会因为电流的热效应而使电池和导线的温度上升，造成电线高温，可能点燃附近的易燃物，酿成火灾，这就是俗称的"电线走火"，所以易燃物千万不要堆在电线或插座附近。

图 1 灯泡与电池形成回路

图 2 电线短路

如图 3，若将电线弯曲、拉扯或挤压，也容易使电线断裂，形成断路。如果图 3 中断裂的两条线不巧相碰，

图 3 电线断路

图 4 互相接触的两条裸露电线易出现火花，形成短路

就会发生如图 4 的短路。容易发生短路的地方包含插头、电器和电线连接处、老旧的电线等。图 4 两条裸露的电线接触时，流经电线的电流会变得非常大，产生的热会将电线上外包的绝缘层熔化，并产生火花及爆炸声，容易造成悲剧，不可不慎。

此外，电线能承受的电流有其限制，其能承受的最大电流称为安全负载电流，因此冬天同时使用电饭煲、电暖炉之类等数个大功率电器用品，危险性非常高。尤其在同一电源或插座上连接太多电器时，像用接线板加接各种电器，常常会使流经电线的总电流超过电线的安全负载电流，这时可能使电线产生高热而造成危险。不论何时何地，要注意用电安全，才能避免电线短路与走火。

科学实验游戏室

"热得快"的热效应

电流流经具有电阻的导线时，会有电能转变为热能的现象，这是电流热效应的概念。

生活中最简单的电流热效应实验：取一支"热得快"，再取一个大烧杯，烧杯中装八分满的水。将"热得快"置于水中，注意"热得快"要完全浸入水中，再将"热得快"的插头插进插座。经过一段时间，会发现水温逐渐升高，最后沸腾，也就是电能已经转化为热能，这时要避免水烧干，以免"热得快"损坏，发生危险。

物理说不完……

电蚊拍

电蚊拍的设计原理是通过一个可升高电压的电路，或是高频震荡电路来电毙蚊子。电路里头包含整流线路和能储存电能的电容器，以及高压电击网。当两面金属网的电路电压升高到相当高的电压值，此时就具有很大的电能，可储存在电容器中，当金属网遇到可导电的蚊子时，蚊子的身体会造成高压电击网短路，储存电能的电容发生放电现象，产生电流、电弧电毙蚊子。

电磁炉

闭合线圈中的磁场（磁感线）发生变化时，线圈会产生感应电流。同样的，当通过块状金属导体的磁场发生变化时，该导体也会产生感应电流。导体板可视为由许多线圈密集组成，当磁棒N极接近导体板时，会使通过导体板的磁场（磁感线）增加，依照楞次定律，

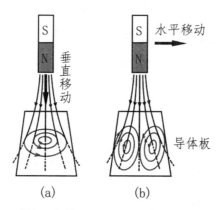

图5 当一磁棒垂直接近或水平通过金属导体板时，造成磁场（磁感线数目）变化，会在导体板上产生旋涡状的涡流

在板上产生逆时针方向的感应电流，以反抗磁场的变化［如图5(a)］。

另一种情况是，当磁棒沿平行于金属导体板的方向运动时，在磁棒前方的金属导体板因通过的磁场强度增加，故产生逆时针方向的感应电流；在磁棒后方的导体板因通过的磁场强度减少，产生顺时针方向的感应电流［如图5(b)］。当磁棒垂直接近或水平通过金属导体板时，造成金属导体板上产生旋涡状的感应电流，这样的感应电流称为涡流（eddy current），如图5所示。

金属导体内形成涡流时，导体因具有电阻而会消耗电功率，将之转变成热量。应用电磁感应产生涡流，再由电流热效应产生热，可制成电磁炉。铁磁性物质在外加磁场的环境中会发生磁化，并且大幅度增加磁场强度，大量增加涡流，产生相当多的热。所以使用电磁炉必须配合铁制锅具或在锅具底部涂上一层铁磁性薄膜，不能直接用陶瓷锅具，因为陶瓷等其他材质制成的锅具无法磁化并产生足够功率的涡流与热能。

如图 6 所示，电磁炉的内部装有感应线圈，其中心轴垂直于炉面，当通以交流电时，根据安培的电流磁效应原理，线圈内产生上下交互变换的磁场，使炉上的铁制锅具产生涡流而生热能，再经由锅具和锅内食物的传导、对流等热传播作用，达到加热效果。

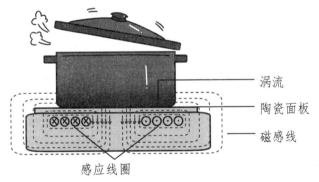

涡流

陶瓷面板

磁感线

感应线圈

图 6 电磁炉陶瓷面板下安装线圈，交流电通过后，磁场发生变化，锅具有铁磁性薄膜的底部会产生涡流，运用电流的热效应加热食物

声音可灭火

周星驰的电影《功夫》里头有"狮吼功"，能摧毁挡在面前的一切；现实生活中也有车轮爆胎，巨大的声响造成汽车车门凹陷、车窗被震破的情况；还有疑似高速飞行的战机造成声爆吓死鹅群的报道。声波具有能量和杀伤力，如果能利用这个特性，声波也可以用来灭火。2015年世界青少年发明展上的金奖作品中，就有特别针对画作和珍贵文物设计的"声音灭火器"。

 ## 火焰害怕狮吼功

如果要有效灭火，其中一种方法就是减少助燃物，也就是减少空气中的氧气。常用的灭火器有干粉（碳酸氢钠）灭火器、卤代烷灭火器、泡沫灭火器等，这些灭火器经化学反应和高压推进作用而灭火后，往往留下粉尘和难闻的味道，可以说是"一片狼藉"啊！有没有一种灭火器能发挥灭火功能且不会造成环境一片狼藉或满目疮痍呢？声音可以做得到！

空气中的声波是一种疏密波，通过振动源的声波产生器造成扰动，经由空气的传递而将波动的能量传播出去，空气分子的分布就会有疏有密，密区空气分子较集中，疏区空气分子较稀薄；而且音频越低，疏区的空气越稀薄，一旦火苗落在疏区，会因助燃的氧气很少而熄灭。因此，我们可以利用低频率、长波长、高分贝音量的声音来减少空气的存在，也就是让火焰处的空气分布比较疏松，借此减少火焰处的空气助燃物，而逐渐让火焰熄灭。

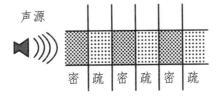

声波移动时，空气分子会形成疏密区，密区的氧气足，会促使火源烧得更旺。相对地，疏区氧气不足，正好可被利用来消灭火苗，达到灭火目的

 骇人听闻的声爆

除了灭火，爆胎的声音还能造成汽车的损坏，这个道理与"声爆吓死鹅"相类似，关键都是声波就是

能量、声波传递能量的原理。我们可以想象，爆胎瞬间产生空气扰动，形成巨大能量的声波，当然可能造成汽车的损坏，这跟武侠片中的"怒吼功""掌中雷"造成空气瞬间振动，形成能量而击退敌人，以及科学玩具"空气炮"异曲同工。

日常生活中我们经常听到消防车、救护车或警车的鸣笛声。当我们站在路边，看着"嗡咿嗡咿"的消防车从远处疾驶而来，又迅速从眼前呼啸而过，会觉得消防车的音调出现高低变化。消防车接近我们时，音调较高，远离我们时却变低。这种音调的高低变化是因为观察者和声源之间的相对运动而形成的错觉效应，也就是多普勒所提出的多普勒效应。

延伸观察者和声源之间的相对运动而形成的多普勒效应。在我们的周围环境中，可能听到超声速飞机产生的声爆。当飞机的飞行速度是空气中声速的 2 倍时，代表飞机以 2 马赫飞行。例如法国协和客机飞行速度可达 2.2 马赫。马赫是指声源速度与声速的比值。

如何造成声爆？飞机飞行时，声波从声源处形成球形对外快速扩散。当飞机的飞行速度快过声速时，会逐渐追上先前发出的声波，造成前后的声波波形重叠，产生一圆锥形的震波，使得向前传播的声波频率越来越高。最后这些声波会在飞机机身的前缘推挤，造成瞬间压力变化，形成震波。我们在地面上会感受到这股压力波向两旁发散，而形成一道瞬间压力变化的震动，并听到飞机穿刺震波而传来爆裂般的巨响，这种现象就是声爆。声爆可能使人耳聋，扰人心绪，因此最好离开现场。

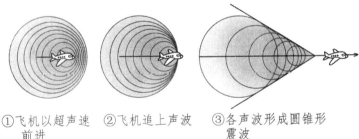

①飞机以超声速　②飞机追上声波　③各声波形成圆锥形
　前进　　　　　　　　　　　　　　震波

　　声源（如超声速飞机）的移动速度大于空气中的声速时，声源后来发出的波反而超越先前发出的波，各波会推挤堆叠形成圆锥形的球面波，通过圆锥顶点的截面像 V 字形。随着声源在空气中传播，空气会受到挤压而产生压力急剧变化，因而出现震波。当震波触及地面，地面的观察者会听到爆裂般的巨大声响，就是声爆

科学实验游戏室

如何测量声速

如何知道空气中的声速有多快呢？运用共鸣空气柱（共鸣仪）可以测量实验室的声速，这是应用声波在管柱（空气柱）内会形成驻波现象的原理。驻波是指入射波遇到从界面反射回来的反射波所形成的一种重叠波的物理现象，其特色是能量不会传递出去，只能在一空间内原地来回振动，故称为驻波。生活中，驻波现象常见于弦乐器的弦上。

驻波

〔**实验器材**〕

共鸣仪（含有1米长玻璃管空气柱、储水漏斗、支架）1组及音叉1000赫兹1支、橡皮槌1支、橡皮圈3条。

〔**实验步骤**〕

1.将 3 条橡皮圈套在共鸣仪的玻璃管柱上，听到共鸣声音时，可作为记录水面位置的记号。

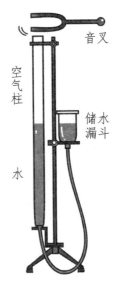

共鸣仪（空气柱）
装置图

2.将储水漏斗放置在最低位置，装满水后再提高至最高位置，这个步骤应用了连通管原理。

3.以橡皮槌敲击音叉，再将振动的音叉移近玻璃管口上方约 1 厘米处，不要让音叉接触到玻璃管，并将音叉振动方向保持与管柱平行。

4.在音叉振动期间，缓慢降下储水漏斗的位置，直到第 1 次声音出现很大声时，以橡皮圈标记该位置。

5.再降低储水漏斗的位置，依照前面步骤，再继续找出第 2 次、第 3 次声音出现很大声的位置。做到这里，玻璃管可以标记 3 个水面位置，也就是 3 条橡皮圈标记的位置。这 3 个位置可以称为共鸣位置。

6.取管口为原点，测量自管口至第 1 条、第 2 条、

第 3 条橡皮圈的位置，距离分别为多少，记录下来。你
会发现相邻两条橡皮圈的位置相差（间隔距离）应该相
同或很接近。

7.算出相邻两条橡皮筋位置(共鸣点)间的间隔距离，
依据驻波的原理，这个距离是声波波长的一半，借此可
算出实验室声波的波长 λ 。

8. 实验用的音叉标示振动频率 f 为 1000Hz，代入周
期波公式 $v = f\lambda$ ，求得实验室的声速测量值。

【注：依据做过的经验，使用频率 f 为 1000Hz 的音叉，得到 2 条橡皮圈的
间隔距离大约为 17 厘米，17 厘米是波长的一半，借此估算出声波波长为
34 厘米，也就是 0.34 米，代入公式 $v = f\lambda$ ，声速为 1000 X 0.34 米 / 秒
=340 米 / 秒。】

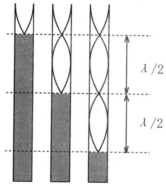

共鸣空气柱产生声波的驻波，相邻两
水位的距离等于波长 λ 的一半

物理说不完······

声爆云

当飞行器或飞机移动的速率比空气中的声速快时，就会产生震波，传到地面时伴随巨大声响而形成声爆。地面上的人往往在飞机飞过头顶后才听到类似的爆炸声，也可能在特定天气中看到飞机尾巴出现云雾状结构，也就是声爆云。声爆云的形成原因大概是因冲击波造成空气压力变化，也就是压力骤减后间接造成空气温度骤降，水蒸气凝结成水珠而形成云雾。

如果看过警察追逐匪徒的影片，若追逐地点是在湖面上，汽艇快速移动时，汽艇的两侧会出现两道明显的云雾状水波，这是汽艇的速度比水波的波速快而造成的震波现象，相当于超声速飞机的声爆云。

声爆驱鸟器

哪些地方最担忧鸟类成为"不速之客"呢？对了，

就是农田、机场和军事基地。农民为了避免鸟类破坏农作物生长而驱赶飞鸟，可以使用声爆驱鸟器，运用全自动液化煤气加压后，形成类似声爆的效果来驱赶鸟类。声爆驱鸟器的分贝值可调到 100，而且具有周期性，如每 15 分钟产生一次声爆，农民往往会在日落后设定驱鸟器，入夜后可以协助其赶鸟。机场或军事基地，也经常被这些不速之客所困扰，因为怕飞机起降或飞行时，鸟类卷进引擎造成事故，因此不得不用声爆驱鸟器。

电动公交车如何来电

为了响应全球的环保倡议，新能源已是全球趋势，韩国已经率先推出可在路上边开边充电的电动公交车。公交车在公交车站停车载客或遇到红绿灯时就可以充电，不必因为充电"加油"而暂停载客。电动公交车能充分利用零碎时间来完成充电，它们是如何办到的呢？

电流磁效应与电磁感应

我们先了解下什么是电流磁效应（安培定则）和电磁感应（楞次定律和法拉第定律）。

丹麦科学家汉斯·奥斯特发现，任何通电流的金属线圈周围都会产生磁场，称为电流磁效应。后来法国的安培在此基础上提出电流可以产生磁场的相关理论，把原本被认为互不相干的电与磁两种现象联系在一起（如图1）。

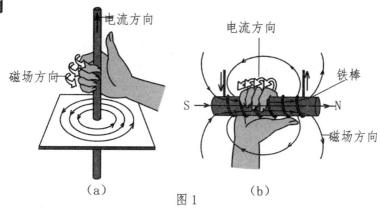

（a）　　　　图 1　　　　（b）

（a）通电流的金属直导线周围会产生磁场，此为电流磁效应。

（b）螺旋形金属线圈通上电流后，线圈内也会产生磁场，以右手握住线圈，四指指向导线上电流的方向，大拇指所指为磁场方向（N 极），这是安培定则的基本定义之一

　　通过电流的导线可以产生磁场，那么磁场能不能产生电呢？1831 年，英国物理学家法拉第，将一根磁铁棒迅速插入线圈或从线圈中迅速抽出时，即当通过封闭线圈的磁场（或严谨表述为磁通量）改变时，该线圈就会产生电流。这种现象称为电磁感应。线圈经由电磁感应而产生的电流称为感应电流（如图 2）。

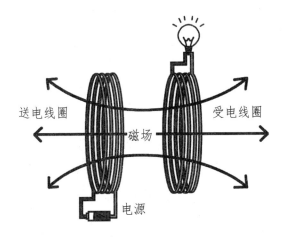

送电线圈　　　　受电线圈

磁场

电源

图2　一金属线圈接上交流电源，可产生变化的磁场，通过变
　　　化的磁场使另一接近的金属线圈产生感应电流，可达成
　　　充电的目的

 沿路接收电力，公交车不怕熄火

　　交叉路口和公交车站是公交车会停留时间较长的地方，韩国首尔市在路面下安置了电功率达 180 千瓦的电源，当公交车到达时，电源会打开。从交流电源流出的电流通过埋藏在公交车行驶路线下方的地下线圈时，会感应磁场（电生磁——电流磁效应），这个磁场会发生变化而对安装在公交车上的另一个线圈造成影响（磁生电——电磁感应），公交车车体的线圈

会因为路面地下线圈外来的磁场变化而产生排斥现象，从而触发对应的感应磁场，而产生感应电流，再传到驱动公交车的电池，帮公交车上的电池充电。

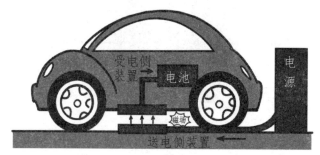

电动汽车行驶通过马路下方的地下线圈时，会感应磁场，从而帮电动汽车上的电池充电

首尔市将此电磁学原理发挥得淋漓尽致，整条公交车路线只要在公交车站牌和交通信号灯路口安装线圈，只需5%到15%的道路安装金属线圈即可使公交车充电再上路，既有效率又能降低系统的建设成本，一举数得。

金属探测器

日常生活中应用电流磁效应或电磁感应所制成的器材或电器用品不少：俗称"马达"的电动机，就是应用电流磁效应将电能转变为机械能。高楼大厦等建筑物或医院里需要安装发电机，夜市摊贩老板做生意使用发电机提供照明电力，而发电机就是运用电磁感应原理将机械能转变成电能。即使是用来改变电压的变压器以及家庭用的电磁炉等，也应用了电磁感应。

另外安检人员利用金属探测器搜寻可疑物品；旅客通过机场的安全检查关卡时出现的哔哔声，也应用了电磁感应原理。当金属探测器内的线圈通上交流电时，就产生变化的磁场，此变化的磁场能在被侦测的金属物体内部产生环状感应电流，称为涡流；反之，涡流又会产生感应磁场，进而引发探测器发出鸣叫声。金属探测器不仅能应用在安全检查上，还可以应用在考古学上，协助寻找探测文物，或是在日常生活中探测硬币、钥匙及其他金属物品。

　　有些国家的公民使用金属探测器需要申请牌照，例如法国、瑞典等，其主要用意在于防止夜盗，保护未被发掘的考古景点。

　　应用电磁感应原理制成的金属探测器，种类不一而足，包含俗称"安检门"的金属探测门、军队用的扫雷器、工业用金属探测器、携带型金属探测器、水中金属探测器和机场人员用的手持金属探测器等。当我看到这些科技产品时，脑海中总是浮现出物理学家楞次和法拉第。

 科学实验游戏室

〔实验一〕电流磁效应 1

　　步骤 1：取两个电池、两条金属直导线。

　　步骤 2：导线各接上每一个电池的两极，两条导线平行接近时，可观察到两条导线彼此相吸或相斥。

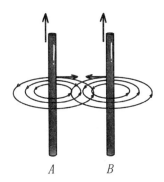
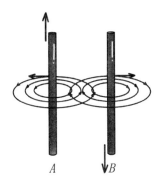

两电流方向相同，导线相吸　两电流方向相反，导线相斥

两条平行金属导线都通流向相同的电流时，如果距离近，可以发现彼此会相吸。若是电流方向相反，两条导线便互斥

〔实验二〕电流磁效应 2

金属圆形线圈接上电池，把指南针放在圆圈正中央，可发现指南针的 N 极会偏转，这是电流磁效应的结果。电流越强，偏转角度越大。

把线圈连上电池，指南针靠近线圈时，指针会受到线圈影响而偏转

〔**实验三**〕**电磁感应**

以下重现法拉第的电磁感应实验。

步骤1：取实验室里的检流计，接上很多圈金属线，绕成密集的金属圆形线圈，或取螺线管。

步骤2：取一根磁棒，观察磁棒在金属线圈向上插入或向下抽离时，检流计的指针是否偏转。

步骤3：如果线路和操作方式没问题，应该会看到检流计偏转，代表发生磁生电的电磁感应现象。

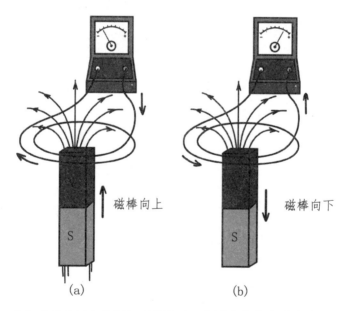

(a) 磁棒N极与线圈相互接近时，线圈中将产生感应电流。

(b) 磁棒N极与线圈相互远离时，线圈中也会产生感应电流（图中为清楚呈现电流状态，故线圈仅简单示意两圈）

动圈式麦克风

麦克风是日常生活中常见的科技产品，是老师和节目主持人保护声带的好朋友。

有一种动圈式麦克风也是运用电磁感应原理设计而成的。其内部的可动线圈套在圆柱形永久磁铁上，前端的振动膜片与可动线圈连接。当我们对着麦克风说话时，空气中的声波传递能量，造成压力变化而使膜片振动，促使可动线圈在永久磁铁建立的磁场内振动，形成磁场变化，即可产生感应电流。这个感应电流信号经放大后传送至扬声器，再利用电流磁效应产生作用力，使扬声器线圈连动膜片振动，发出声音。

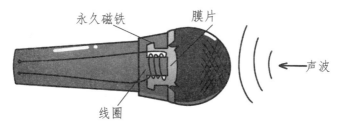

对着麦克风说话时，声波会振动膜片，线圈随之振动，并产生变化的磁场，从而产生感应电流

烤肉竟让石头爆开

许多人喜爱烤肉，野外露营时，烤肉几乎是最应景、最受欢迎的活动。然而我们也曾看过新闻报道，一群人在溪边烤肉，烤到一半，用来支撑烤肉架的石头竟然爆炸，"石头与木炭齐飞，碎片共肉片一色"，人员闪避不及而被灼伤或烫伤。这是怎么一回事？

烤肉其实是一项很专业的活动，必须遵守烤肉安全守则：要使用合格的烤肉架，不要用石头；周边不放易燃物；地点要通风；准备灭火用水等。这其中涉及热学的物理概念。

 ## 其实你不懂石头的脆弱

每一种物质都有其特有的成分和结构，不同种类的岩石或金属，其内部分子的构造和分子间的结合力各不相同，热胀冷缩或耐热程度也不一致。

试想一下，为什么打铁用的炉子采用红砖砌，而不用石头？因为石头的耐热度远低于红砖。岩石的结构与其生成时的环境和冷却速度有关，一般的岩石组成不均匀，生成过程中的空隙可能包覆空气或其他物质成分，结构就显得脆弱；如果遇到高温，很可能因为空隙内的气体与岩石热传导程度不同，受热不均匀而爆开。红砖则是专人烧制，其成分与结构都经专业检验，使其热传导和耐热程度既均匀又比一般的石头高，因此打铁用的炉子采用红砖砌成。

高温传导至低温的风险

为何岩石的结构与生成岩石时的环境和冷却速度有关呢？我们知道，岩石种类可分火成岩、沉积岩和变质岩，这三大类岩石的生成环境不相同，与生成地点、温度、压力等有关，因此其内部的结构迥异。比如说，火山爆发时，岩浆形成的火成岩因生成地点不同、冷却速度不同，而形成的颗粒大小和成分也不同，有火山岩和深成岩之分，福建福鼎的玄武岩和安徽黄山的花岗岩就是很好的例子。又如，沉积作用形成的沉积岩，其砂岩和页岩的颗粒大小不同也是因为生成环境造成的差异。

不同岩石内部含有一些成分及结构不同的矿物，不同矿物可能具有不同金属物质或化学成分，因此具有不同的硬度（受磨损的忍耐程度）和热传导能力。例如石英含有二氧化硅成分，与玻璃有关，其硬度和热传导能力就与含有碳酸钙成分的方解石有差异，当然也与钻石（金刚石）迥然不同。

曾经看过一则新闻，有一户人家在家里煮茶聊天，落地窗玻璃却整片爆裂飞散！当时是严寒的冬天，门窗紧闭，屋内温度高屋外温度低，热量从高温传导至低温，可能因为这片落地窗玻璃制造时结构不均匀导致玻璃热传导不一，造成惊险画面。

所以，如果我们从溪边捡拾来路不明的石头充当烤肉架，可能因为结构不均匀，热传导能力不一，热膨胀程度不同，造成石头内部的分子步调不一致而容易分裂而爆炸。

曾风靡一时的石头火锅或石板烤肉，其使用的石材硬度较佳而且结构单纯，热传导能力均匀，比较不容易有爆裂之虞。因此，烤肉时还是要采用合格的烤肉架，确保安全。

科学实验游戏室

步骤 1：取长度规格相同的铜棒、铁棒、铝棒、木棒各 1 根，用实验室的支架和蓄热块将 4 根棒子互相架成十字架且离地约 20 厘米。

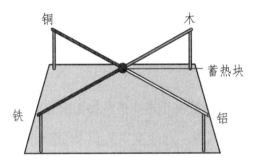

步骤 2：每一根棒子上用熔化的蜡油黏住各 5 支火柴棒。

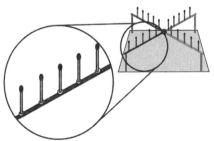

步骤3：在十字架中心部分放置酒精灯，点燃酒精灯，再观察哪一根棒子上的火柴棒先倒下。

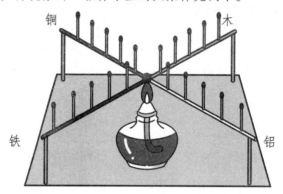

你会发现最先倒下的是铜棒上的火柴棒，接下来是铁棒上的火柴棒，继续观察并记录火柴棒倒下的情况。

通过观察，我们可以知道规格相同、材料不同的棒子，以铜棒的热传导能力最好，木棒则最差。

在所有固体中，金属因导热能力最好，常被选为导热材料，而非金属或气体则比较不易导热，故多用作隔热材料。银、铜、铝三种常见的金属互相比较，银的导热能力最佳，其次为铜和铝。纯金属的导热能力一般随温度升高而降低。

土窑烤番薯

我在农村长大，土窑烤番薯和芋头是假日最好的活动。我们先吆喝同伴在暂时休耕的田地里找一适当地方建筑土窑，四处找一些干木柴、叶片或木炭，然后在田里就地取材，找适合的土块像盖房子一样堆土窑，逐层加高而内缩，叠成空心半圆球状，侧边底部留一窑口，上端可留一小出口方便烧窑时对流助燃，其他部位尽量靠拢，使土窑紧密结实，避免在烧窑时热气散失。盖好土窑后，接下来就从窑口放入适量木柴起火烧窑，木柴可交错放置，利于燃烧。当土块烧得很烫时，土块已吸收足够的热量，即可将番薯、芋头等放入窑中，迅速用

热土块盖上窑口及上端小出口，并适当地用木头敲打较大块的热土块，避免细缝过多；再铲来沙土将窑上铺盖一层厚厚的沙土，避免热量散失过多。一般经过大约两小时，即可开窑取番薯、芋头，然后大快朵颐。若是其他食物，则需要看食物种类，决定开窑时间。

土窑烤番薯或土窑烧鸡的物理学原理与闷烧锅一样，都是避免热量散失，并通过热传导将热量传给番薯或鸡。

热从高温物体转移到低温物体，热传播方式包含传导、对流、辐射。热传导必须靠物质作媒介，才能将热从高温处传递到低温处，这是固体物质传播热量的主要方式。热传导的快慢或难易程度与物质本身的特性有关。容易传热的物质称为热的良导体，例如铜、铝等金属；反之，很难传热的物质则称为热的绝缘体，例如石绵、玻璃纤维等。

糖炒栗子

逛夜市或传统市场时，常有机会邂逅糖炒栗子。只要定睛仔细观察，就会发现炒锅里主要是栗子和黑色砂粒。

为何要用黑色砂粒？用物理学原理解释，这与热学的比热容有关。什么是比热容？相同质量的不同物质，在同一热源上加热相同时间，却有不同的温度变化。以水为例，25℃时水的比热容是 4.2×10^3 焦耳每千克摄氏度，而砂粒的比热容比水小很多，假如吸收相同的热，温度变化比水更大。简言之，吸收相同的热量时，比热容越大的物质，温度越不容易改变；相反的，比热容越小的物质，温度变化越明显。砂粒的比热容非常小，所以比水更容易升温，也更容易降温。运用这个原理，把栗子混入炒锅里的砂粒中一起炒，可增加栗子的受热面积，会使栗子快速均匀受热。

"自燃"是"反射"惹的祸

近几年，夏日气温节节上升，我国多个地区甚至惊现百年最高温！高温除了容易中暑外，如果不小心，还容易引来祝融，酿成火灾。

媒体曾报道，台湾省台北一处住宅铁门前，有辆摩托车突然起火延烧，毁损了五辆摩托车，推测是因为铁门或其他摩托车的后视镜反射了强烈的太阳光，汇聚到摩托车面板，达到燃点后，面板起火。总之，最大原因应该是反射"造的孽"。

英国伦敦也曾发生停在路边的汽车，在炎炎夏日里引擎盖上的喷漆疑似"晒过头"而融化的案例，原因是新建大楼的墙壁平面造型太光亮，阳光一照射就反射光线到路面上，而这部汽车可能停留太久，接受阳光照射和墙面反射光双重夹击，造成强光毁损喷漆。

　　这种现象牵涉到光的反射。光线照在不同的界面上，有一部分光线会回到原有的介质中，即为反射，也就是把能量又传回来（如下图所示），光的两个角度相同。这种现象好比是在篮球场上打篮球时以45度角对地传球给队友，篮球就会与地板呈45度角弹起，你可以把篮球移动的路线当作是光入射到地板又反弹到空中一样。太阳光本身就是能量，反射回来的能量可以转变成热，引起燃烧。

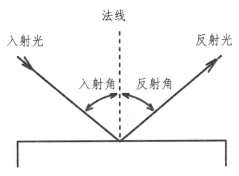

法线

入射光　　　　　　　　　　反射光

入射角　反射角

光的反射

　　反射的界面不同，也会影响反射的效果。若是将抛物面看作反射面，就成为抛物面镜。抛物面镜有一重

要的性质，根据反射定律，任一平行于主轴的光线入射
至抛物面镜的凹面，其反射光线必定通过抛物线的焦点。
根据这个性质可知，若是从远方射来的太阳光，正好平
行于抛物面镜的主轴而入射在镜面上，则其反射光线必
汇聚于焦点，能量更集中［如下图 (a) 所示］。反之，
依据光的可逆性，沿着反射光线的路径回去，即入射光
线的路径，也就是像前面所举的篮球例子一样，篮球以
45 度角入射打到地板上，球几乎可以以 45 度角反弹到
空中，如果把反弹的球再一次按原有路线打到地板上，
球会被反弹且走的路线与最初入射的路线相同。因此，
若将传统电灯泡的光源放在抛物面镜的焦点 F 上，经由
镜面反射的光线必定平行于主轴射出，如下图 (b) 所示。

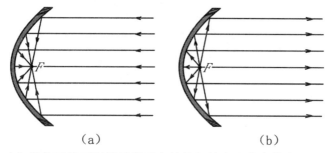

（a）　　　　　　　　（b）

（a）抛物面镜可以将平行于主轴的入射光汇聚在焦点 F；
（b）若点光源置于抛物面镜的焦点 F 处，则发出的光线经镜面
反射后，皆平行于主轴

根据物理学的反射定律，如果新闻中的铁门有类似凹陷的抛物面区域而且很光亮，那么产生反射的太阳光聚焦的威力便会更强。

同理，有些小区的住户架设抛物面镜制成的碟型天线来收看卫星电视节目；2008 年北京奥运会开幕式圣火点燃仪式，也是利用抛物面镜把入射的阳光会聚在焦点处，将火炬点燃。

摩托车自燃事件提醒我们，天气热、温度高，切勿把会反射太阳光的物品及易燃物放在室外的开放空间，就可避免发生高温起火的意外。

 科学实验游戏室

焦距在哪里

〔**实验器材**〕

凹面镜一面、白纸一张（2 厘米 X 2 厘米，面积比凹面镜小）、30 厘米的直尺一把。

〔**实验步骤**〕

1.向学校物理实验室借凹面镜（或凹抛物面镜），拿到太阳光下照射（在夏天正午时段照射，效果最好）。

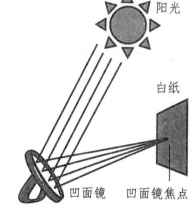

阳光

白纸

凹面镜　凹面镜焦点

2.把凹面镜固定在地面上，镜面面向天空，让太阳光（相当于来自远方的平行光）照射到凹面镜上，而反射光线到达白纸上。

3.观察白纸上的反射光线区域，找一个光线区域最小、亮度最亮的位置，这个亮点位置是此凹面镜的焦点。用直尺量取亮点(焦点)到镜顶(镜心)的距离,此距离(长度)是此镜的焦距。（不论是面镜或透镜，焦距都是镜子最重要的物理量，会影响物体经过镜子成像后的性质是实像或虚像，以及像的大小如何。近视眼或老花眼的镜片度数都与其焦距有关。）

4.把凹面镜放在地面上的不同位置，重复以上步骤，量取焦距，看看数据是不是很接近或相同。

5.耐心观察纸张需要经过多长时间才会受热燃烧。

6.换另一凹面镜,重复上面步骤,找出此面镜的焦距,看看这两面凹面镜的焦距是否相同。

生活中与凹面镜构造类似的物品如玻璃帷幕,经物体反射阳光后聚焦的位置最好不要摆放纸张、棉制品、塑料地毯等易燃物,以防其受热燃烧,造成火灾。

除了凹面镜,凸透镜也有同样的聚焦效果,例如若家中在地毯上摆饰水晶球,阳光又通过水晶球聚焦于地毯上(如下图),会导致高温燃烧,不可不慎。

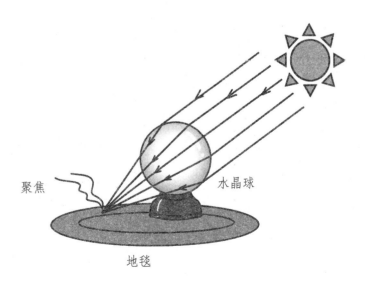

聚焦　　　　　　　　　　　水晶球

地毯

物理说不完……

干毛巾也会自燃

自燃的意思是指可燃物质在没有外界火源时，受热（如反射光）或自身温度过高所产生的自行燃烧的现象。除了前文中提到的因受阳光反射聚热而自燃外，煤炭、干草、堆肥与某些化学物质都可能因严重堆积、细菌发酵作用及太阳照射，达到燃点而发生自燃。

例如洗衣店烘干的毛巾自动起火，蛋黄酥饼店的蛋黄酥饼自行燃烧，其共同特征皆是油和堆积。送洗的一堆干毛巾残存精油，水洗烘干后未摊开散热，让残存的精油发生自燃；炸好的蛋黄酥饼未分开散热，铺平晾凉，也可能因堆积而自燃，引发祝融肆虐。

由于精油和酥饼内的大豆油都含有不饱和脂肪酸，在长时间堆积和高温的情况下易达到燃点而产生自燃，不可不防。

气体碰撞连环爆

2014 年 7 月 31 日，台湾省高雄前镇苓雅地区发生有机气体气爆事件，造成人员伤亡，房屋及道路严重毁损。从这件媒体关注的爆炸案中，我们究竟能学到什么科学知识？又该如何未雨绸缪？

举办庆祝活动时，往往会以气球装点活动场地，如果气球内充填的是氢气，那么众多气球聚在一起就会提高危险性，因为氢气本身具有自燃特性，只要有一点火苗，就易引起氢气与氧气的分子碰撞，发生化学的氧化反应而引起连环爆，这就是氢爆。要避免氢爆意外，举办活动时千万不要贪小便宜（氢气成本较低），应该以活性很小的惰性气体氦气取代氢气。氦气喜欢"孤独"，耐得住寂寞，非常不容易与空气中的氧气"一时天雷勾动地火"，当然就不会"一发不可收拾"，悲剧的发生概率也会大幅度降低。

气体分子爱运动

一般而言，气体分子很喜欢运动，几乎都处在互相碰撞的状态中，气体分子与分子碰撞就形成扩散现象。例如教室讲桌上放置一束玉兰花，教室后排的同学很快就闻到玉兰香，就是气体分子碰撞运动的典型例子。如果我们的教室正好密闭，那么更容易感受到分子碰撞的现象。

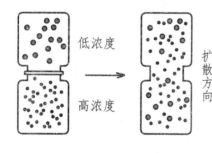

气体分子会从高浓度往低浓度方向扩散。分子从高浓度区域往低浓度区域流动，最后达成均匀状态，形成扩散现象

气体分子运动混乱而没有规则，它的特性就像曹植《洛神赋》中形容的"动无常则，若往若还；进止难期，若危若安"，也像武侠片中的"凌波微步"般玄妙难测。分子运动的研究源于 1827 年英国科学家布朗，布朗本身是医师也是植物学家，他在研究悬浮于水中的花粉微粒时，意外发现这些微粒竟然不停地不规则地作折

线运动，后来这一发现成为科学家讨论分子运动的论点，称为布朗运动。著名的物理学家爱因斯坦也针对分子的布朗运动提出了数学理论分析和解释，成为后来重要的科学理论和实验依据。

气体越热越不安分

布朗运动证实分子会不停地运动，而且温度越高，其运动越剧烈，形成热运动。因此当温度越高时，分子的碰撞越激烈，越容易形成爆炸现象。

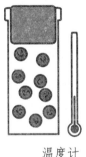

温度计

分子活动不活泼

加热后，气体分子动能变大

当温度变高，又处于密闭环境中，压力会变大，爆炸危险就会增加

大量气体若在密闭的环境中，当环境的温度越高时，这些气体分子的动能就越大，造成密闭环境的压力会变大。当环境所承受的压力太大时，容易发生爆炸的危险

　　以 2014 年的高雄气爆事件为例，据媒体指出，引爆的气体分子是丙烯，丙烯是有机物质气体，一个丙烯分子含有 3 个碳原子和 6 个氢原子，是无色易燃气体，味道较淡但不好闻，燃点也低，遇高温就容易爆炸燃烧。聚合后的聚丙烯可以制作塑料和人工纤维。化工厂用的气体原料输送安全管道是封闭的，因此管道处于高压状态，密闭的管道压力来自气体分子碰撞，气体分子数越多，压力越大；温度越高，压力也越大，分子的动能也越大。这次事件中发现输送管道的压力数值下降，就表示有气体外泄，压力才变小，此时应该停止输送气体，赶紧关闭源头。

　　此次高雄气爆，有一条道路近 2 千米路面被炸成壕沟，一辆汽车被炸时向上抛出约 4 层楼高，爆炸威力惊人。如果这辆汽车有 2000 千克，4 层楼高约为 12 米，假设车子由地面冲向空中最高点为 1 秒钟，依据牛顿运动定律推估，汽车受到瞬间爆炸的威力可达 68600 牛顿。气体爆炸的危害确实不能小觑。

　　从这次气爆事件中，我们期待能够从科学知识中习得事故的危机处理方法。

科学实验游戏室

〔**实验步骤**〕

1.准备两个烧杯，一杯装室温的冷水，另一杯装沸水。

2.两杯中各滴入几滴红墨水，观察红墨水在两个烧杯内的扩散现象。

我们可以发现装沸水的那杯，红墨水扩散速度比较快，说明温度的高低会影响扩散速度，也就是影响分子间的碰撞速度。

冷水　　　　热水

红墨水在热水中的扩散速度比在冷水中快

物理说不完……

天灯与热气球

天灯，也称孔明灯，是古代传递军事信息的智慧型产物。天灯的升空原理和加热式的热气球相似，是由蜡烛火焰加热气球里面的空气，空气被加热后，分子间的距离和空隙变大，热空气密度变小变轻。当内部空气比外部的空气轻时，天灯便会受到一个向上的浮力的作用。天灯内的空气温度越高，气体的密度就越小，产生的浮力更大，当浮力大于天灯及负载物体所受的重力时，天灯即可升空飞行。

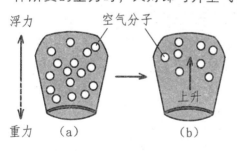

(a) 天灯未加热前，天灯内与大气中的空气分子密度相同；(b) 加热后，天灯内的空气分子密度变小，浮力增加，天灯即可升空

若将气体分子热运动运用于热气球，可调控热气球上的加热器，调整气囊内的空气温度，控制气球的升降。

当气囊内的空气温度越高时，气囊内气体的密度越小，产生更大的浮力，使热气球向上飞行；同理，当气囊内的空气温度降低时，气囊内气体的密度变大，浮力变小，直到浮力小于热气球及负载物所受的重力时，由于受到向下的重力大于向上的浮力，于是热气球便会缓慢地下降。

焦耳实验与热功当量

我们常听到"吃了这道菜，会提供身体多少卡路里的热量"，卡路里就是卡，是热量的单位。在物理学上，摩擦会生热，摩擦力对物体可以做功，功的单位一般采用焦耳。

卡和焦耳该如何换算呢？

对物体做多少功，才可以使物质的升温效果和1卡热量相当？物理学家焦耳做过热与功如何换算的实验，我们称之为热功当量，该实验方法称为桨叶搅拌法。结果呈现热量可以由重力势能与动能的机械能转换，也说明热量是能量的一种形式。后来国际度量衡大会基于热量是物体间因温度变化而转化的能量，规定1卡约为4.186焦耳，确立了热量是能量的一种形式，可以和机械能互相转换。

瘦身的玉米粒容易闪燃爆炸

2015年6月27日，台湾省八仙水上乐园发生粉尘因电脑灯高温闪燃尘爆事件，近五百人受伤。西方有一句谚语："人类从历史上得到的最大教训，就是不能从历史上得到教训。"以粉尘闪燃尘爆事件来说，八仙乐园不是首例，其原因与2014年我国昆山台商工厂闪燃爆炸和1878年美国明尼苏达州面粉工厂闪燃爆炸如出一辙，都是粉尘因高温闪燃造成的。

而台湾这场"彩色派对"闪燃爆炸案的始作俑者竟然是玉米粉。看似不起眼的玉米粉，为什么会在瞬间造成这么严重的伤亡？

表面积与燃烧威力

粉尘是指可燃物（如玉米粉等颗粒非常小）像空气中的灰尘一样微小。当可燃物被磨成像灰尘那样细小时，其与氧气接触的表面积会增大，如果刚好有火源或摩擦等燃烧触发，微细粉尘就非常容易快速燃烧。这个道理和散开的纸张比整叠纸张烧得快，或细砂糖比冰块溶解得快是类似的道理。

在物理及化学领域，会谈到比表面积和粒径。这是指当体积固定的木块被切割成更多小木块时，这些小木块的总表面积就会比原先大块的表面积大，表示比表面积（表面积与体积的比例）变大或粒径（颗粒大小）变小，如果木柴的比表面积变大，粒径变小，一旦遇到火源，与空气中的氧气接触面积变大，燃烧就会更旺盛，爆炸威力就会更猛烈。

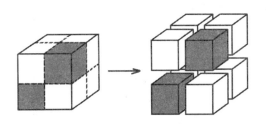

当大木块被切割成小木块后，总表面积增加了，物理或化学反应也随之加剧。也就是，当颗粒表面纳米化时，会改变原有物质的性质（例如颜色、熔点和沸点等），亦即原本人畜无害的玉米粒瘦身为玉米粉后，物理性质跟着改变，一接触到氧气和火源，燃烧得更加旺盛

粉尘与氧气多次碰撞的后果

产生燃烧或爆炸的条件还有助燃物，也就是氧气。前面提到的玉米粉是可燃物，含有碳氢氧化物或碳的成分，这些可燃物达到燃烧的燃点都不高，约为 60 摄氏度，如果遇到强风助长氧气传播，就会增加粉尘和氧气的碰撞机会，只要在空气中的浓度达到一定程度，在高温或火苗的助长下，空气中的分子与分子碰撞速度增快，氧化反应速度变快，燃烧就越剧烈，危险就越大。

很多活动经常使用一大串气球作为装饰，若气球中灌入的是氢气，不巧活动场合中刚好有人抽烟，就可能让气球里的氢气与空气中的氧气结合，瞬间引起一连串的氢爆。这样的氢爆伤害也具有相当大的杀伤力，不可不慎。

参加大型活动时，最好查看活动场地是否符合安全标准，观察是否有易燃物和火源，看看是否可能有温度过高或电线短路走火的隐患。这是古人曲突徙薪的经验和提醒，安全回家最重要。

科学实验游戏室

闪燃实验

要了解尘爆闪燃现象，可以做一个简单的闪燃实验。这个实验要在实验室操作，准备灭火器，穿戴有防护功能的护目镜和实验服，并在老师的指导下做实验。

步骤 1：取一个奶粉罐，在奶粉罐侧边距离底部约 5 厘米高的地方钻个洞。

步骤 2：将这个洞接上一段长约 30 厘米的亚克力管或玻璃管，连接奶粉罐内外。此亚克力管再接上一段长的橡皮管。

步骤 3：在奶粉罐内放置一些木炭粉或牛奶粉。

步骤 4：把煤气喷灯或蜡烛放入奶粉罐内点火，在奶粉罐上轻轻盖上

煤气喷灯

橡皮管　　牛奶粉

盖子。

步骤5：对着橡皮管吹气，使木炭粉末扬起来，此时会听到噼里啪啦的爆炸声，罐子的盖子也会被震开。

步骤6：如果没盖上盖子，朝橡皮管一吹气，就会吹出一团火球。

一般而言，牛奶粉或木炭粉碰到火焰时不会点燃，但若散布在空气中，和空气接触的面积增大，马上就会点燃，甚至爆炸，因为表面积越大，反应速度越快。所以，在煤矿坑中的炭粉浓度太高时，只要一点火花，就足以引爆。

物理说不完……

燃烧是氧化还原反应

物体要能够燃烧，至少必须具备三个要素：要有可燃物，要有助燃物，达到可燃物的燃点。

纸张、干树叶树枝、木炭、蜡烛烛芯、汽油、酒精及天然气等，这些是可燃物，其内含有化学元素氢、碳等；空气中的氧气则是最常见的助燃物；可燃物达到一定的温度而能燃烧，这时的温度称为该物质的燃点。成语曲突徙薪的"薪"指的是可燃物木柴或木炭，"突"是烟囱，与热对流和提供助燃物（氧气）有关。

从化学角度来看，燃烧就是氧化还原反应，氧（O_2）是助燃物，也扮演氧化剂的角色。燃烧时一般伴随着能量的产生，以光的形式呈现。例如以燃烧气体甲烷（化学式 CH_4）为例，完全燃烧后产生二氧化碳（CO_2）和水蒸气（H_2O），以及能量（E）。化学方程式可以写成：

$$CH_4（甲烷）+ 2O_2（氧）\longrightarrow CO_2（二氧化碳）+ 2H_2O（水蒸气）+ E（能量）$$

罐装煤气与天然气

一些家庭与商店使用的可燃物，一般是罐装煤气和地下埋管的天然气。"水能载舟，亦能覆舟"，煤气固然能提供我们煮饭菜和洗澡等日常生活所需，但操作一定要小心。

罐装煤气是液化石油气，其内含的化学成分主要是丙烷和丁烷，是由原油炼制处理过程中析出，其在一般温度和压力（常温常压）下，状态是气体，经过特别的加压和冷却就可使丙烷液化，再装入钢瓶中供我们使用。

液化石油气的特征是无色、无味、无毒、易燃，为了让我们觉察"漏气了"，因此供应家庭使用的液化石油气都添加了臭味剂。液化石油气在桶内是液体，这是因为液化石油气经加压灌装入钢瓶内，若离开容器到常温常压的环境中就会变成气体，其密度大约是空气的 1.5 倍，因此漏气时，这些气体很容易滞留在屋内的角落或较低的地方。一旦发现罐装煤气漏气了，千万别开灯或电风扇，更别抽烟，开窗或开门时也要轻轻地，避免摩擦而产生静电，一旦不慎，容易燃烧或引发气爆。

　　天然气是由燃气公司铺设管道提供给用户使用。天然气的来源是长期沉积在地下的古生物遗骸，经过逐渐转化、变质、分解而产生的碳氢化合物气体，主要成分为甲烷及少量的乙烷等。天然气与液化石油气一样，都具有无色、无味、无毒、易燃的特性，而且天然气比空气轻，漏气时，容易往上飘散，若不慎遇到火源，容易引起燃烧或爆炸的悲剧。为了保证安全，燃气公司必须遵照法律规定，在天然气中添加臭味剂，避免天然气因意外而不慎泄漏时无从察觉，付出惨痛代价。

太空物理秀

木星上的炸薯条最好吃

美国《赫芬顿邮报》曾报道："最好吃的炸薯条是在木星上，比地球上的炸薯条还香脆可口。"木星的体积比 10 个地球还大，表面的重力加速度大约是地球的 2.5 倍。这一则新闻主要是叙述希腊科学家研究的"重力加速度对炸薯条的影响"，并得到"薯条炸得好不好吃与重力有相当大关系"的结论。

这项研究主题虽然被网友戏称为"史上最无聊的研究"，不过却是个有趣的话题。

炸过的薯条究竟好不好吃？答案可能因人而异，因涉及薯条的原料及油品种类、厨师的火候功力、食用人的味蕾细胞、大脑接受信息的记忆、嗅觉味觉神经传导的敏感度等。如果所有控制条件都相同，只有重力或重力加速度不同，那么重力大还是重力小，才会让炸薯条比较好吃呢？

强化重力让炸薯条更香脆

我们认为好吃的薯条，是指薯条吃起来香脆。如何让薯条尝起来香脆？那就用油炸，沸腾的油锅里放入薯条，高温的油渗入薯条中，就会香脆好吃。油的沸点会受大气压力影响，大气压力越大，油的沸点越高，薯条更快炸熟，沸腾的油也更容易渗入薯条中。这好比使用压力锅，会让食物更快煮熟，因为它可以提高水或油的沸点。

如何增强大气压力？重力是关键因素。如果在有大气层的星球表面，增强表面的重力，则该星球表面的大气压力就能增强，即能提高油的沸点，更容易快速炸熟食物。

因此，如果仅以重力影响大气压力和大气压力影响油的沸点来讨论薯条炸得好不好吃与重力有相当大的关系是有其道理的，所以推论出"在木星上炸的薯条，比在地球上炸的薯条还香脆"也算合理。

我们不妨延伸想象两种情况，一种是无重力状态，一种是物体加速度向上。

无重力状态并非没有受到重力，严谨地说是失重状态。这是什么情况呢？相信大家都搭乘过电梯，当电梯从高处以高速下降时，这段时间内我们在电梯内会有一种往上飘升的感觉；或者很不幸，机械运作出了问题，电梯不听使唤，以近似自由落体的重力加速度往地面坠落，我们无法好好站稳，这时我们处于类似失重的飘浮状态。这时还能炸薯条吗？薯条都会飘浮了，更别说要油乖乖听话地沸腾了。

然而，电梯的加速度向上的情况呢？这有两种情况可能发生：第一种情况是电梯往上移动，刚启动时速度越来越快；第二种情况是电梯往下移动，快到一楼时速度越来越慢。

那么，我们到台北101大楼搭乘直达第89层楼的电梯，人站在电梯内放置的体重秤上，一开始电梯的加速度向上，电梯向上移动的速度越来越快，这期间可以发现体重秤上的读数比我们平时称的体重还要重，也就是说，这期间加速度方向往上的电梯具有增强重力的效果，质量较大的物体其增强重力的效果就更明显。同样的，当电梯往下越来越慢时，也就是减速，其效果跟前面所提到增强重力的效果一样。

电梯静止　　　　　　　上升加速，出现增重效果

当我们搭乘加速度方向向上的电梯快速上楼，这段时间会有增重效果

　　这样说来，当我们搭乘向上移动的电梯，电梯的移动速度越来越快时，这时电梯内的重力好像变大了，如果这时候电梯往上加速的时间能拉长，也许可以像在木星地表上炸薯条一样炸出可口的薯条。也就是说，如果摩天大楼的管理人员同意我们在大楼向上直达加速的电梯内炸薯条，这样的薯条应该比夜市的薯条更香脆可口哟！

以上仅是想象与讨论，千万别在电梯里炸薯条，那可是很危险的事！

旋转后的薯条更可口

另一种炸薯条的方式是使用旋转式工业用炸锅，通过快速旋转产生离心效应，使气泡容易脱离薯条，可以让薯条比较好吃。这一点我们可以从洗衣机脱水功能来解释，当洗衣机快速旋转时，湿衣服上的水分子沿着圆周切线的方向脱离出去，衣服就不会湿嗒嗒的了。相同的道理，当薯条在快速旋转的炸锅中运动时，薯条内的空气等分子因附着力不足以提供圆周运动所需要的向心力，水分和气泡因而逸出薯条表面，薯条内部因而变得更密实，让食用者尝起来觉得比较可口。

物体作圆周运动时，需要足够的向心力，向心力必须由外力提供。例如绳子绑着一个小球，小球能作圆周运动，就得靠绳子的拉力作为向心力，万一绳子太脆弱（也就是绳子本身能承受的拉力或张力太小），转动中的绳子可能无法负荷小球所需要的向心力，绳子可能被扯断，小球就会依照原有的运动特性（惯性）

而沿着圆的切线方向飞出去。这和水在脱水机运转时脱离衣服是一样的原理。

回到本文开头的"史上最无聊的研究",相信大家可以稍微了解重力加速度和炸薯条好不好吃之间的关系了。

科学实验游戏室

乒乓球不落地

如何能让乒乓球乖乖听话,不会因为重力作用而掉下来呢?不妨试试下列方法。

找一个空奶粉罐(或烧杯),以奶粉罐(或烧杯)开口朝下将桌面上的乒乓球罩住。

在桌面上快速旋转奶粉罐,可以听到(或感受到)乒乓球沿着罐子的内壁作圆周运动,持续摇晃奶粉罐,慢慢将罐子脱离桌面,并试着增加转动频率,可观察到乒乓球很听话地在罐子内壁作圆周运动而不会落地。

为何乒乓球在这种情况下会乖乖地听话呢?因为

球在空奶粉罐（或烧杯）的内壁作圆周运动时，内壁会给乒乓球一个垂直于内壁方向的作用力（称为支持力），作为圆周运动时所需要的向心力；奶粉罐的内壁与乒乓球的接触面之间也有静摩擦力，可以对抗地球给乒乓球的重力，因此球可以在作圆周运动时不掉下来。

你也可以准备六个骰子，用奶粉罐盖住骰子，然后快速摇晃转动数圈，再抽起罐子，看看桌面上的骰子是否排列得很整齐？

水流不流

准备一支空的塑料瓶，在瓶子内壁中央处挖个小洞，先不用盖上瓶盖，观察看看，当塑料瓶注满水时，水会从小洞喷流出来吗？如果盖上瓶盖，再看看水会不会流出来呢？

不盖上盖子，瓶内压力（1标准大气压＋水压）大于瓶外压力（1标准大气压），水便往洞外流

盖上盖子，瓶内压力无法大于瓶外压力，水就不会流出洞外了

再用上述同一支挖了小洞、注满水的塑料瓶，同样不要盖上盖子，再拿到高处，然后静止释放塑料瓶，塑料瓶掉落期间，水会从小洞流出吗？

如果高度很高，有足够的观察时间，我们会发现水不会从小洞流出。为什么呢？因为坠落期间的塑料瓶和水都处于失重状态，造成瓶内的压力不足以挤压水，让水流出来。

水能流出来的条件，必须是瓶内的水所受的总压力大于瓶外的大气压力。

物理说不完……

太空笔（无重力笔）

太空笔是为了可以在无重力且物品会飘浮的太空舱内写字而发明的。我们在地表上可以握着钢笔、圆珠笔自在流畅地书写，但是这些笔一到太空舱内就发挥不了功能，因为墨水"掉"不下来。

那用铅笔呢？铅笔的笔芯材料是石墨，石墨会导电，万一断掉了，这些粉末在失重的情况下到处纷飞，可能引起设备导电短路，也可能飘进宇航员的眼睛、鼻子、肺或呼吸器官内，影响健康。太空笔于是就诞生了。

太空笔的原理是密闭式气压笔芯，内部填充了很不活泼又不会燃烧的氮气，靠氮气压力将墨水推向笔尖，这样就不怕书写时断水了。

太空笔的尖端为材质坚硬的碳化钨球（珠），笔的中段是墨水，笔的上端有加压氮气，墨水和氮气之间有滑动的浮物间隔，用氮气的气压推动墨水

反重力玩具

市面上销售的"磁悬浮飞碟玩具"的完整配件包含一个磁性基座（具有磁铁的 N 极和 S 极），一片塑

料托片，以及一个飞碟，飞碟也有磁性。

首先，把塑料托片放在磁性基座上，再把飞碟放到托片上，并用力旋转飞碟，尽量保持水平（此动作难度较高），接下来缓慢地抬起塑料托片，让托片稍微距离磁性基座2~3厘米，如此一来，飞碟就可以离开托片而飘浮在空中。

这种玩具的原理是利用了磁铁的 N 极和 S 极，同极互相排斥，异极互相吸引的特性，并让磁极相斥的力量和重力达到力的平衡。

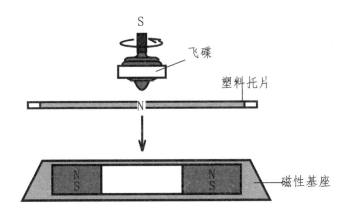

反重力玩具以同极相斥原理，让飞碟飘浮在空中

火箭升空就像鼓胀的气球放气

自制火箭对许多学生而言是遥远的梦想。通过跨校跨领域的团队合作,台湾交通大学和台湾成功大学等学校都曾经成功试射过混合型燃料火箭。火箭的制造细节环环相扣,横跨机械、电机控制、复合材料、空气动力学等领域,精密度和复杂度都相当高,让高校在学术领域对火箭的研究向前迈进一大步。

作用力与反作用力

火箭是一种运载工具,也就是载送卫星到太空轨道的工具。火箭究竟如何摆脱地心引力离开地面升空?一言以蔽之,就是中学生学过的牛顿第三定律:作用力与反作用力定律。其主要内容是作用力与反作力同时发生,大小相等,方向相反,作用在不同物体上。

为什么运用作用力与反作用力的原理可以让火箭升空?我们不妨想一想:有一个鼓胀的气球,吹气口原本束得紧紧的,但突然放开时,气体从气球中喷泄出来,此时气球就向着相反的方向飞射出去,这是为什么呢?我们可以这样解释:气球内部的球壁对里面的气体分子施力,球内的气体分子也对球壁施加同样大小的反作用力,因此气球和里面的气体分子互相作用。一旦鼓得胀胀的气体分子受到球壁的作用力,而冲向气球开口时,同时给气球反作用力,受到此反作用力推进的气球便能在空中飞行。

喷出的气体　　　　气球飞行方向

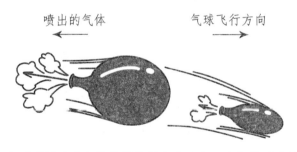

气球利用喷出气体的反作用力为动力,向气体喷出的反方向飞行

用塑料水管喷水时,水向前喷出,水管会后退;手枪射出子弹或炮弹自炮座发射的瞬间产生的后坐力,也涵盖作用力与反作用力的原理。

因此,火箭要升空必须依靠自身装载的燃料,通过喷射出燃料逐渐摆脱地心引力的束缚，才能达成"欲上青天揽明月"的美梦。

 动量守恒定律

再深入讨论，火箭靠发动机持续喷射气体的反作用力来加速升空，当大量高温高压的气体从尾部向下喷出时，火箭就可以获得往太空飞行的推进力。升空的原理是利用作用力与反作用力的原理。另一方面，作用力与反作用力的本质就是动量守恒定律，以此原理来看，也可以用动量守恒定律解释火箭升空的原理。

动量是指一个物体的质量与运动速度的乘积。动量守恒定律是指一个物体或一个系统在没有受到外力或所受的合力

作用在火箭上的力

作用在气体上的力

当火箭喷出向下的气体时，气体具有动量，方向向下，火箭就获得量值相等且向上的动量，此为"动量守恒定律"

为零时，物体或系统的动量不变。例如气球内的气体与球壁互相作用，气体与气球构成一个系统，气体从球内喷出的瞬间，系统的动量不会改变。因为气体与气球构成的系统有向下和向上的动量，就像数字有正有负的相同数值，使气体和气球的个别动量变化加起来为零，也就是系统的动量变化为零。

因为一开始系统的总动量是零，所以火箭喷出气体后，火箭和气体的个别动量不为零，但总动量仍保持为零。因此，当火箭喷出向下的气体时，气体具有动量且方向向下，根据动量守恒定律（也就是作用力与反作用力），火箭就获得量值相等且向上的动量。火箭不断向外喷出气体时，就产生持续的反作用力，使火箭不断向上加速。

科学实验游戏室

直排轮与篮球

日常生活中，几乎处处会应用到作用力与反作用

力，走路、跑步、打球，无一不是。

试试看穿着溜冰鞋，双手抱一个篮球，静止站立在溜冰场上，在用力将篮球水平向右传出去时，感受是否与穿着溜冰鞋推墙壁的感觉相同？

这是因为将篮球水平向右传出瞬间，我们对篮球施力向右，篮球对我们施力向左，篮球向右飞出，我们同时也向左移动。如果溜冰场的场地接近光滑，我们的移动现象更明显。

如果将篮球水平向右传出的瞬间，我们却没发生上述向左移动的现象，最可能的原因是溜冰场的地面太粗糙或者溜冰鞋与地面的静摩擦力太大了。

 物理说不完……

实弹射击

实弹射击是新兵们记忆深刻的训练。射击之前，教官总会千叮万嘱："枪托要紧靠肩窝。"为什么？实弹射击只不过是扣下扳机，一眨眼的事而已，需要一再耳提面命吗？

关键就在这"一眨眼"，因为扣下扳机的瞬间，枪身给子弹一个作用力，子弹同时给枪身一个反作用力，子弹射出的动量量值等于枪身后退的动量量值，方向相反。如果枪托没紧靠肩窝，枪托与肩窝之间有一小段距离，枪托会因反作用力，造成枪托后坐力对肩膀做功而撞击肩膀，肩膀容易受伤。

环保水火箭

网上或市面上有贩售水火箭套装配件，其方法是利用喝完饮料（如汽水、可乐）的塑料瓶 (1250mL)，将水灌入塑料瓶中，并预留部分空间用打气筒打入空气，通过空气造成的压力改变迫使水喷出，形成反作用力推进水火箭。这是运用动量守恒的原理，也是以作用力与反作用力为原理设计的游戏。

划船时，我们使用桨划水，桨施力给水，水同时给桨反作用力而推动船前进。这个道理好比是游泳时，手往后拨（划）水，水同时给人力量而使人加速移动。

地心引力让地球成为万人迷

你向往太空旅行吗？ 2013 年上映的电影《地心引力》可以一窥个中滋味。这部电影以外太空题材为主轴，呈现出宇航员经历灾难及维修人造卫星的逼真画面。航天飞船从地球出发到外太空，首先面临的挑战就是克服地心引力（或重力）的束缚，让航天飞船脱离地球表面；其次是航天飞船进入轨道而环绕地球运转时的失重状态。

互相吸引的力

《地心引力》这个片名是物理学的专有名词，一般也称为重力，在这儿是指地球吸引物体的力量。根据牛顿第三定律，也就是作用力与反作用力定律，这个力的反作用力就是物体吸引地球的力。所谓引力，就是两物体互相吸引的力，而彼此互相吸引的力究竟与哪些要素有关呢？ 这需要请古典力学大师牛顿来告诉我们。

牛顿根据当时的科学家开普勒的行星运动第三定律（周期定律）的研究成果，加上自己的第二运动定律，最后推导出万有引力定律。主要内容是：任何两个物体之间都具有彼此相互吸引的万有引力，而且引力的量值与两物体质量的乘积成正比，但与彼此间的距离平方成反比。

直到今天我才发现，你对我有一股吸引力，而我对你也是！

是在说我很有魅力吗

看神奇的万有引力！连虫与苹果之间也有，很厉害吧！

……切！才不一样……

　　根据这个原理，可以了解太阳系的八大行星受到太阳的引力而环绕太阳公转；月球受到地心引力作用而绕着地球公转，地球吸引月球的重力就是月球绕地球作圆周运动的向心力来源。同样的原理也可以解释人造卫星、航天飞船等受到地心引力而绕地球公转，此时地心引力就是人造卫星绕地球公转所需要的向心力。向心力的方向顾名思义就是指向地心，也是重力的方向。我们的生活与重力息息相关，因重力作用而发明出人造卫星，才有日新月异的现代生活，如北斗卫星导航系统和气象卫星观测，也才能看到通信卫星带给我们"天涯若比邻"的体育比赛电视转播，以及造成人群聚集的"宝可梦"。

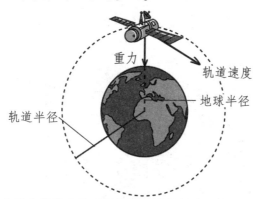

地心引力就是人造卫星绕地球公转的向心力，也就是指向地心的重力

地球表面的物体皆受到地心引力（重力）影响，苹果落地就是重力作用；当投手水平投出棒球，棒球最终会坠落至地面，也是因为飞行中的棒球始终受到指向地心的重力作用。简单说，无论是地面的抛物运动或是月球、人造卫星绕地球公转等，都受重力影响。

　　同样的道理，我们的体重也是因为在地球表面受到重力作用。通常我们利用体重秤来测量重量，从力的作用观点来分析，当一个人静止站在地面的体重秤上时，秤上的读数即为此人给予体重秤的力量，也就是人受到地球引力的量值，更可以说是体重秤支撑人向上的力量（相当于支持力）。

人施于体重秤的力

人所受的地球引力

体重秤施于人的力

静止站在地面的体重秤上时，人所受地球引力和体重秤施加于人的作用力相互抵消，使人呈现平衡状态

可是为什么电影中的宇航员在太空舱内是飘浮状态呢？因为航天飞船在太空环绕地球转动，这时候航天飞船和宇航员所受的地心引力都指向地心，就是转动时所需要的向心力，因此宇航员和航天飞船的动作一致，导致航天飞船的地板无法支撑宇航员，也就是此时航天飞船无法给人支撑的力量，船内的宇航员便会飘浮在船内的任一位置，不会像地表上的我们，能坐在教室的椅子上或站在教室的地板上。正因为如此，宇航员在航天飞船中处于飘浮状态，即使喝水也无法

将水倒在杯子内，因为水会飘洒出来，而且杯子也会飘浮在半空中，所以喝水时，只能把装在软管里的水一点一点地挤进嘴里。

空气也被地球吸引

地球表面附近的大气层厚度，从地球的表面向上延伸至数百千米以外，因空气分子受地心引力作用，绝大部分的空气聚集在离地表约30千米高度的范围内，因而产生大气压力。意大利科学家托里拆利为了进一步知道大气压力有多大，于是动手做实验。根据实验结果发现，不论玻璃管口径多大或玻璃管的倾斜程度，水银柱的垂直高度都维持在相同的76厘米的高度，证实地球表面的大气压力大约等于76厘米水银柱底部的压力，也就是俗称的1标准大气压，它接近10米高的水柱底部的水压。这个实验称为托里拆利实验，而玻璃管上端封闭空间为真空，称为托里拆利真空。

大气压力的应用对日常生活的影响深远，例如用吸管喝果汁、塑料吸盘等都应用了大气压力的原理，也可以说间接应用了重力的原理。

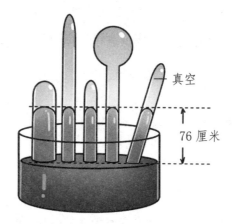

真空

76 厘米

玻璃管内水银柱垂直高度和管的粗细与倾斜
角度无关，管的上方为托里拆利真空，1 标
准大气压力约 76 厘米水银柱

　　看到这里，你是不是觉得原来看电影也可以思

考物理学原理呢？

一张纸撑住整杯水

准备一只杯口完整没有缺陷的圆杯，装满水后在杯口盖上一张干净的纸，紧压纸张再把杯子迅速倒转过来，杯口朝下，把手松开。发现了吗？一张纸就可以撑住整杯水。

杯内的水没有流出来，这是大气压力支撑了纸张；若将杯口朝不同方向，纸张仍不会掉落。这告诉我们大气压力与液体压力的性质相同，并没有特定的方向性，也就是作用在各个方向上且与接触面互相垂直。

在玻璃杯内装满水，纸张受到大气压力作用而能支撑水的重量，并不会掉落

吸不吸得到饮料

平常用吸管喝饮料时，试试看将一根吸管的管身用针刺一个孔，然后用此吸管喝饮料，会发现什么现象？你会发现饮料吸不上来。接下来，用手指将此孔堵住，再吸看看，又发现什么现象？这次可以顺利畅饮饮料了吧！为什么呢？原来是大气压力在搞鬼。

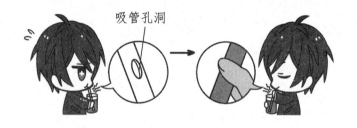

吸管孔洞

一般正常情况下，在使用吸管吸饮料时，吸的动作是让吸管内上方的气体减少，压力变小，饮料就可从压力较大的吸管底端推上来，造成较大的压力差，形成吸力，而能吸到饮料。如果在吸管的侧边刺一个孔洞，此孔洞与外界大气压力相通，反而无法形成足够的压力差，吸管的管口和插入杯中饮料的吸管底端没有足够的压力差形成推力，就无法吸到饮料。

拔罐

拔罐是中医诊所常用的外部治疗方式，以火罐式拔罐为例，运动时拉伤或扭伤，中医师以火烘烤平口玻璃罐，让玻璃罐内的空气跑出来，形成近似负压状态，将罐口对准受伤部位，再往外拉，会拉起一部分浅皮肌肉，达到减轻疼痛的疗效。从气压较大的地方（皮肤）到气压较小的地方（玻璃罐内），表面肌肉处因有压力差，故对此接触面积上的肌肉产生作用力，这是拔罐的物理学原理。这个应用类似吸盘（如下图）。

吸盘外的压力大于吸盘内的压力，因此吸盘能牢牢吸住墙壁

真空电梯

真空电梯的原理是应用气压差的原理，气压差产生推力，因此较贴切的名称应是"气压电梯"。

真空电梯的外观像一支大型玻璃管，里头搭乘的轿厢像一节透明的活塞，厢内的气压如同正常的大气

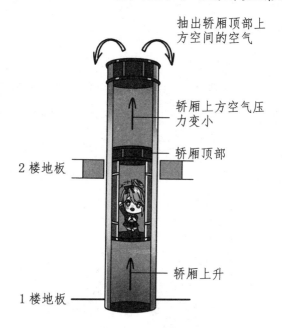

抽出轿厢顶部上方空间的空气

轿厢上方空气压力变小

轿厢顶部

2楼地板

轿厢上升

1楼地板

真空电梯利用轿厢顶部与底部的气压差造成推力，可控制向上或向下运动。当轿厢上方空气被抽空时，轿厢下方的空气将轿厢往上推，反之亦然

压。当启动真空电梯时，电机运作，如同使用吸管喝饮料，抽取真空电梯顶部的空气，造成顶部与底部的气压差，底部的气体将电梯往上推，电梯就能往上移动。相同的道理，要下楼时，只要将电梯顶部充气加压，造成向下的推力，电梯就会下降。

红色战神冲冲冲

喜爱观星的天文迷都知道"红色战神"——火星，它是太阳系的成员之一，也是我们的地球在太阳系的邻居。古代天文官赋予火星另一个名称——荧惑。

凶星？战神？

中国在天文学观测方面起步很早而且相当重视，从《史记》等古籍中得知，古代中国还设有天文官专门记载天象资料，当时被称为"荧惑"的火星就是受到瞩目的一颗行星。那时候的民俗认知和社会氛围甚至认为天上出现"荧惑"就是社会纷乱的预兆，"荧惑"现身，将引起饥荒、战乱、疾病等悲剧。《史记·天官书》记载了一段文字："虽有明天子，必视荧惑所在。"这段话说明古代人相信"荧惑"与君主的天命息息相关，也与人民的幸福和疾苦有关。

台湾的黄一农教授曾探讨"荧惑守心"的天象，

这里的"心"指的是心宿，古代二十八宿之一，"荧惑守心"是说明荧惑（火星）从顺时针转变成逆时针，而且停留在心宿的一段时期的天文现象。这种天文现象以 50 年为周期，被古人视为凶兆，象征皇帝驾崩等不祥事件。

相较于我们祖先把火星视为凶兆，当成君主知悉天命和民间疾苦、战争灾难的象征，西方两河流域的古人把火星看作"死神"。辗转传到罗马后，火星却变成骁勇善战的"战神"，强调雄性力量，而且发展成浪漫的想象，一起把金星纳入梦幻的故事中，金星成为雌性的维纳斯女神，与战神火星发展出缠绵的爱情故事。

火星"冲日"与椭圆形轨道

从西方科学史的记载来看，第一位裸眼观测天空且长期完整记录资料的天文观测学家应是丹麦人第谷。第谷为人处事一丝不苟，做事锲而不舍。他热爱天空，以视差法验证了天体的周期，并留下了超新星的观测资料。第谷平时大量观测的天文资料，都交给助手开普勒处理，临终时特别嘱咐开普勒务必整理出规律。开普勒擅长数学，他把第谷交给他的大量资料和数据经过多年整理归纳后，先后在 1609 年提出开普勒行星运动第一和第二定律、1619 年提出开普勒行星运动第三定律，结合成开普勒行星运动三大定律，其主要说明各大行星绕行太阳的周期与各行星与太阳平均距离的关系，对后代天文物理学的发展可说厥功至伟。

近 30 年来，火星几乎虏获人类的目光，尤其是科幻作家、电影编剧和导演，火星运河、火星人等科幻事件，让火星一度成为大众瞩目的焦点，美国好莱坞为它拍摄了《火星任务》《红色星球》等电影。美国国家航空航天局也编列巨额研究经费研发哈伯望远镜、开普勒太空望远镜等精密仪器观测火星及宇宙的天体，并数次通过"机遇号""好奇号"等探索火星的岩石结构、生命迹象和生存条件，甚至研发纳米碳管材料，希望建立科学家探索了解火星的太空桥梁。2020 年 7 月，我国成功发射首次火星探测任务"天问一号"探测器，开启了火星探测之旅。

现代天文迷对火星"冲日"更是津津乐道。火星"冲日"是指：每隔一段时间，火星的位置正好与太阳位于地球的两侧，形成经度相差 180 度的一直线，火星此时的位置，天文学称之为火星"冲日"。当火星在绕行太阳公转的轨道上，正好移动到"冲日"的位置时，是地球上最适合观测火星的时刻，也是媒体争相报道的天文现象。想要观测火星"冲日"需要耐心等待，因为周期大约需要 2 年 49 天，届时才能看到火星"冲日"。

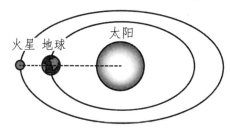

当火星和太阳位于地球两侧，形成一直线时，便是火星"冲日"。此时火星最接近地球，夜晚以肉眼即可看见

　　现在我们已经很清楚了解火星、地球及太阳系其他行星能绕太阳周期公转，主要是靠太阳与行星之间的万有引力作为圆周运动所需的向心力。根据牛顿万有引力定律，太阳与各行星之间，质量越大，距离越短，两星球间的引力就越大。与行星比较，太阳的质量大很多，因此圆周运动所需的向心力主要还是太阳引力。

　　太阳系八大行星的排列位置以太阳为公转中心，

由内往外的轨道分别是水星、金星、地球和火星的内行星体系，也称为类地行星，以及木星、土星、天王星、海王星的外行星体系。根据开普勒行星运动第一定律（轨道定律），行星绕太阳公转的轨道近似椭圆形，每个行星都有自己的椭圆公转轨道，太阳并非在每个椭圆轨道的正中心，而是在椭圆中心偏旁的其中一个焦点上，因此火星与地球绕太阳时，都有其最靠近太阳的近日点和最远离太阳的远日点。若比较地球和火星，火星距离太阳的平均距离大约是地球离太阳的 1.52 倍。根据开普勒行星运动第三定律（周期定律），距离太阳越远的行星，绕太阳一周的时间就越长。依据观测和周期定律估算，火星绕太阳的公转周期大约是地球的 1.88 倍，相当于地球的 1 年 10 个月。了解了以上的知识，我们就更容易理解火星"冲日"的现象。

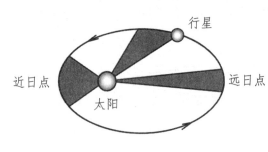

地球和火星绕太阳的轨道近似于椭圆形，太阳位于焦点上，当行星位置移至离太阳最近时，就称为近日点；当行星位置离太阳最远时，就称为远日点

火星冲日是指太阳、地球和火星排成一条直线，地球位于太阳和火星之间，这样的位置排列大约每隔 2 年 49 天发生一次。由于太阳的光线会直接射向火星然后反射回地球，因此在地球观看火星的时候，会觉得火星特别明亮，尤其在"冲日"时的火星距地球较近，我们在地球上看到火星的视直径觉得比较大。如果通过天文台的望远镜观看，可以看到火星表面外观荧荧如火，因此古人称火星为"荧惑"。

2003 年 8 月，火星与地球的距离是 6 万年来最接近的一次，称为"火星大冲"，最主要的原因是火星位于它的轨道的近日点附近，而地球正位于地球的轨道——黄道的远日点附近，而且此时太阳、地球和火星恰好在一条直线上。这种机会非常难得，下次"火星大冲"估计要在 2035 年才会再出现。

科学实验游戏室

模拟开普勒行星运动定律的椭圆轨道

步骤1：先将两根图钉固定在厚纸板上，再取一条两根图钉距离2倍长的细绳，细绳两端固定在图钉上。

步骤2：用铅笔笔头紧靠细绳往外拉紧，形成一个端点 p。

步骤3：在拉紧细绳的状态下，沿着周围移动，形成端点 p_1、p_2、p_3……将每个端点连起来即为椭圆形。两根图钉的位置即为椭圆形的焦点。

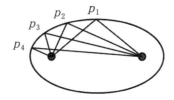

通过这个活动实验，可以体会开普勒行星运动定律，太阳在其中一个焦点上，因此公转一圈，行星都会经过最靠近太阳的近日点，以及最远离太阳的远日点。如果我们能从实际画椭圆的经验知道火星和地球在绕太阳公转时的近日点和远日点，就能够了解火星冲日的原理。

物理说不完……

从地心说到日心说

古希腊时期权威的哲学家亚里士多德认为地球在宇宙中心，其他星体皆环绕地球运行。欧多克斯提出地心说，认为太阳和其他行星都绕地球运行。这些论点在当时的宗教思想中几乎根深蒂固。然而，地心说最终受到挑战，波兰人哥白尼提出日心说，认为太阳是在宇宙中心，地球和其他行星以圆形轨道环绕太阳公转。也许"德不孤，必有邻"，自制望远镜的伽利略通过长期观察，看到环绕木星运转的卫星等天文现象，确定欧多克斯的地心说并不正确，强而有力地支持了哥白尼的日心说。

从天文观察资料和数学归纳提出行星运动定律的开普勒，比伽利略大约小七岁，伽利略曾写信给开普勒，讨论行星运动定律的相关原理，可说是找到了日心说的知音。当时宗教思想甚嚣尘上，交通又不方便，伽利略以"鱼雁往返"的方式与开普勒谈太阳为中心的论点，获得开普勒科学和数学理论的支持，为"不因歌者苦，但伤知音稀"写下最好的注解。

被后人尊称为"近代实验方法之父"的伽利略，晚年受到教会迫害，冒着"大不韪"的风险，提出新的天文观点，勤于观察与实验，让比萨斜塔自由落体实验、改良望远镜等成为脍炙人口的历史故事，为后来的实验科学发展奠定重要基础，至今受人缅怀。

火星倒退

从地球上观测火星，会观察出火星具有逆行现象，主要原因是因为地球和火星都是绕太阳公转，相对于火星，地球较靠近太阳，周期较短，公转一圈较快，因此从地球看火星的相对运动，会觉得火星速度变慢，好像倒退，产生火星逆行的错觉。

　　这种在地球上观察火星的运动，好比我们在笔直的公路上开车，比我们慢的车子，我们就会觉得这部车子在后退。事实上，车子一样在前进，只因为我们的车速比较快而已。

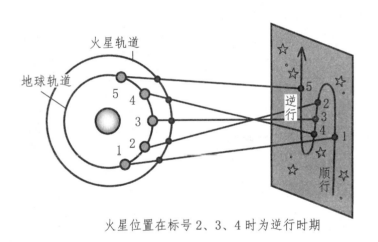

火星位置在标号 2、3、4 时为逆行时期

何处是宇宙的尽头

所谓宇宙，上下四方为宇、古往今来为宙，是空间和时间的概念，也是李白的"天地者，万物之逆旅；光阴者，百代之过客"。

古人很早就对宇宙提出疑问，楚国诗人屈原在他著名的楚辞《天问》中，就提出好几个和宇宙有关的问题，也就是天。夜晚仰望星罗棋布的天空，令人想起杜甫的"人生不相见，动如参与商"。参与商是天上的两颗恒星，两星只会在不同的时间或季节出现在天空，诗人借此喟叹亲友间难得相见的景况。孔子也说："为政以德，譬如北辰，居其所而众星拱之。""北辰"指的是现今地球自转轴指向的北极星，以此说明领导者以道德来治理国家，就像天空的天体围绕着北极星一样，一切都有规则与方向。

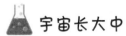 ## 宇宙长大中

当我们举头仰望夜空，看见闪烁的星星镶嵌在天空夜幕上，宁静而安详；当我们使用高倍望远镜观察星空，可能观察到多彩多姿的"视"界。通过观察与理论的发展，人类对于宇宙的想法，已由古代感性的喟叹转变成理性的探索并发展成科学的研究。王阳明说"山近月远觉月小，便道此山大于月；若人有眼大如天，还见山小月更阔"，说明天文观测开启了人类的视野。亦如科学家哈勃通过观测，发现越遥远的星系，远离我们的速度越快，进而推论宇宙在膨胀中。

当我们仰望星空时，银河横贯天际，像一条流淌在天上闪闪发光的河流。如果仔细观察，银河实际上是由许许多多的星星所组成。我们把这种由千百亿颗恒星以及分布在它们之间的星际气体、宇宙尘埃等物质构成的天体系统叫作"星系"。我们在地球上所看到的银河就称作银河系。银河系大约由两千亿颗恒星组成，为众多星系中的一个，而我们的太阳仅是银河系中的一颗恒星，在浩瀚的宇宙中相当渺小，而地球是太阳的八大行星之一，当然更渺小。

红移现象

美国著名的科学家哈勃曾经测量了远方星系特定元素的光谱，并且与地球上同一种类元素的光谱比对分析（就好像比对元素的身份证或组成成分一样），得到一项重大发现，就是来自远方星系的光，其光谱线都向红色的一端偏移，称为哈勃红移。随着星系的距离越远，偏移的程度会越大。

为何会有光谱红移的现象呢？用声波的多普勒效应来说，当声源（例如火车汽笛声）离去时声音会变低沉，即频率变低、波长变长。光波（电磁波）也有多普勒效应，由于红光频率较长，所以当光谱向红色一端移动时，表示星系正在远离地球，红移现象便是由星系与地球的相对运动所造成。

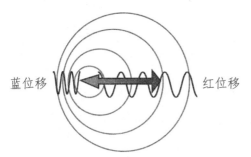

蓝位移　　　　　　　　　　　红位移

当光谱向红色一端移动时，表示星系正在远离地球，因此产生红移现象。相反的，蓝光频率较短，就会产生蓝移现象

哈勃观察发现，所有远方的星系都正在离地球远去，而且星系远离地球的速度与该星系和地球的距离成正比，也就是距离地球越远的星系，它的远离速度就越大，这项发现称为哈勃定律。哈勃定律告诉我们，星系之间互相远离，也就是整个宇宙正处于膨胀状态，整个宇宙就像是一个吹气而膨胀中的气球，各个星系就好比嵌在气球面上的点状物，当气球膨胀时，彼此之间相互远离。

(a)　　　　　　　　　　(b)

想了解宇宙的膨胀，可将气球球面当成宇宙来模拟宇宙膨胀。(a) 气球较小，球面上有 A、B、C 三个星系。(b) 当气球变大时，球面上 A、B、C 之间的距离变大。也就是，气球球面的星系，其实是静止的，其本身的大小没有增加，但随着宇宙的膨胀，任两个星系间的距离却增加了

科学实验游戏室

有个简单有趣的实验可以体会声波的开普勒效应。

取一条家里洗衣机用的水管或市面上买得到的水管，单手握住水管一端，然后让水管在空中作水平圆周运动，请注意不要伤到站在旁边的同学。此时同学会听到不同频率的声音：当水管另一端旋转时的切线方向指向同学，此时同学接收到的频率略高；如果切线方向离同学而去，同学接收到的频率略低。

声波和光波都有开普勒效应，各有其应用领域，如应用开普勒效应，超声波声呐测定深海鱼群的位置，应用光波开普勒效应设计测速仪，侦测汽车是否超速，或测量棒球场上先发投手投出的球速为多少。

物理说不完……

星光的亮度

　　在晴朗的夜晚到一个没有光污染的地方，静静地仰望静谧的夜空，闪烁的星光、隐含的秘密与动人的传说将带给人无限的想象空间。

　　现在我们看到的星星，往往是这颗恒星 10 多年前或更久以前发出的光。因为光是以光速（约 30 万千米每秒）传播，光"走" 1 年的距离称为光年，1 光年接近 10^{13} 千米。所以，距离地球越远，时间就越久，亮度也就越低。

　　苏轼在《夜行观星》中写道："大星光相射，小星闹若沸。"意思是：大星星耀眼灿烂，小星星繁多密集。这种现象其实是距离不同造成的。我们在地球上观测到的夜空恒星，距离地球都很远，绝大多数可视为点光源且有远近差异，因此并无大小之分，只有明暗之别。

　　天文物理学家以视星等表示在地球上观测到的恒星亮度，星星越亮，星等越小。例如织女星为 0 等星，夜空中看起来最亮而被诗人余光中写入诗集的天狼星为 –1.45。

简单说，亮度相差 100 倍的两恒星天体，其星等差为 5。星等值越大，代表亮度越暗。

星星每天提早 4 分钟升起

怎么会呢？这得从地球自转与地球绕太阳公转谈起。

恒星（天体）和太阳、月球一样，因为地球自转而东升西落。科学家通过观测，发现所有的星星都绕着一个转轴（称为天球北极）运动，一天绕一圈，这是恒星的周日运动。

实际上，真正转动的并非是天上的星星，而是我们（地球）。地球绕着贯穿南北极的自转轴，每日自西向东自转一周，地球上的我们不会感觉在转动，却以为星星、太阳由东向西移动。这个道理与我们搭车向前走，路旁的建筑物和树木向后移动的道理一样。由于现在地球的自转轴大约指向北极星，因此北极星看起来似乎永远在北方。

当地球在公转轨道（黄道）上的不同位置时，看到的恒星是不同方位的星星。每天同一时刻观赏夜空中的同一颗星星，其在天空的位置会改变，一年后才出现在同一个位置，这就是恒星的周年运动。

地球绕太阳公转一周大约为 365 天，一周为 360 度，因此地球公转一天的角度很接近 1 度，地球在公转时也同时在自转，地球自转一圈为一天，也就是 24 小时，即 1440 分钟，换句话说，地球自转 1 度约 4 分钟（1440÷360=4）。

由于地球同时在自转和公转，而且都是逆时针转动，加上地球自转 1 度约 4 分钟，因此当某一颗恒星在第一天午夜零时出现在我们的头顶上时，第二天晚上出现在头顶上同一个位置的时刻会在 23 点 56 分，也就是比前一天提早 4 分钟出现在同一位置。看来，星星真勤快，爱早起啊！

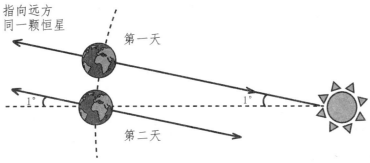

地球自转一周的同时，也绕着太阳公转约 1 度，因此连续两天远方恒星出现在相同位置，地球必须多自转 1 度。地球自转 1 度约 4 分钟，故每隔一天恒星会提早 4 分钟出现